陈芳
蒋玉秋
张玉安
贾玺增
王子怡
——
著

粉黛罗绮

中国古代
女子服饰时尚

目录

　　北京服装学院中国古代服饰研究团队的集体成果《粉黛罗绮：
中国古代女子服饰时尚》一书出版在即，承蒙该团队负责人陈芳教
授信任，在我得以先睹书稿为快之后，嘱我撰写书序。我于中国古
代服饰文化所知甚少，对古代女子服饰时尚更缺乏了解，只能将自
己学习后的一些心得写出来，聊充"代序"，以求方家教正。

　　据我所知，陈芳团队从事中国古代服饰的研究已经有相当扎
实的基础和比较丰厚的成果积累，汇集成专著应是水到渠成之事。
去年，我在拜读他们发表在《北京服装学院学报》艺术版《艺术设
计研究》中的相关论文后受到鼓舞和启发，曾经在"敦煌服饰暨
中国古代服饰文化学术论坛"（2013 年 10 月）上发表感言，认为
中国古代服饰文化是我国传统文化中最具大众化、民族化、多元
化特色，富有时代感和生命力，体现创新性与实用价值的文化门
类。我也就拓展学术视野、注重个案研究提出了粗浅的意见。现在，

书稿中异彩纷呈的丰富内容，不仅印证了我的认识，而且又启示我对这方面的研究去做进一步的思考。

我十分欣赏陈芳教授在"奢侈风气"一章中的一段话：

> 正是日常生活的服饰，才能更好地反映一个时代经济、文化和思想的变化，及时地透视出快速变换社会的流行风尚，但如何把握和再现这过往的时尚，并非易事！即使是还原最基本的形制，也缺乏大量的文献、图像和实物材料的支撑，更何况需要从物质文化史角度，来探究服饰与身份阶层之象征、地理环境之差异、工艺水平之高下、审美趣味之嬗变等要素的关系。虽如此，中国服装史的研究不能停留在前辈大师的通史钩沉上裹足不前，而应该继续他们未竟的事业，补充他们未及的日常服饰的个案研究，从而将中国服装史的研究向前推进。

这就十分清晰而简洁地说明了他们确立"中国古代服饰史研究"这个大课题的出发点及研究对象、方法和目标。在"中国古代服饰史"这个大的"母题"之下，又有若干各具特色的子课题，"女子服饰时尚"即是其中之一。通过本书我们可以看到，作为这个子课题的阶段性成果，既有依据历史脉络"纵览"主题的总体学术架构，又有选取典型样式"横截"个案的扎实细致分析。在立足于前辈学者研究成果的基础上，开拓视野，转换角度，创新思维与方法，推动了相关研究的深入发展。

我注意到，本论著的作者们十分明确要将我国古代女子服饰时尚的探究，置于整个社会生活史的宽阔视野之下，不仅关注服饰时尚与当时政治思想、经济、军事的密切关系，而且关注服饰时尚与传承有序的精神文化的血肉关联，还特别关注其与物质文化不可分割的紧密联系。众所周知，我国留传至今的"正史"典籍（二十五史、十三经等）中的服饰史料基本上是被涵盖在"礼制"的范围之内，远远不能反映它极为丰富的内容，也就远远不能满足研究者的资料需求。因此，以沈从文先生为代表的前辈学者，早已注重对相关文物图像资料的分析，运用"二重证据"乃至"多重证据"对古代服饰进行研究，做出了巨大的贡献。但是，由于时代与各种条件的局限，在思想的开放、方法的借鉴、资料的搜集和使用等方面，也都受到局限，无论是在宏观的整体把握上，还是在微观的个案剖析中，都留下了许多有待填补的空间。应该说，前人的遗憾，也是留给后来者的挑战与机遇。陈芳团队接受了挑战，也抓住了机遇。

现在，读了陈芳团队的这本著作，我们得以更明确地认识到服饰时尚鲜明的时代特征、民族特色与地域特点，认识到它们的共性与个性的辩证统一，认识到它们的包容性、传承性与多元一体性。这些特性，在中国古代女子服饰时尚中表现得尤其明显。例如书中所述及的先秦女子服饰的清纯、质朴、雅致，汉代女子服饰的多种刺绣纹样，六朝女子服饰的灵动飘逸与仿效戎装、军容的风气，隋唐时期的胡风汉韵、葳蕤华彩，宋朝"简约淡泊"里内敛的奢华富贵，元代以后随着东西方各民族文化交流加强外来因素的有机融汇等，都是文化时尚长河中璀璨夺目的浪花。尤其是我国作为一个历史悠久、地域辽阔、人口众多、文化璀璨的多民族统一国家，一方面，服饰时尚不仅往往得力于历朝历代统治集团上层人物的喜好、推崇与倡导，更关乎各地、各族普通民众的日常生活需求，关乎物质生产的丰富或贫瘠，关乎官方、民间文化交流的盛与衰，当然也会与社会的稳定与动荡相关联；另一方面，虽然鉴于时尚本身内涵的创新活力，它常常关涉社会的变革、进步，也不断会花样翻新，但因为儒家文化传统与礼制的影响，因为统一国家的强大向心力，也因为相对稳定的生活习俗的渗透和审美心理的"从众"导向，它又具有相对稳固的传承性，具有"有容乃大"的气魄，还常常表现为积极的周而复始的"旧"与"新"的调谐能力，有时还表现出使人惊叹的"超现实"的前瞻性。本书的作者们无疑是摸准了中国古代女子服饰时尚的脉搏，故不仅能很好地把握与理清上下几千年女子服饰时尚的主要脉络，也能将各时期一个个典型个案条分缕析得清晰、鲜活。尤其值得称道的是，全书每一章节插配的不少精美图片，与文字叙述相得益彰、相映成趣，成为全书不可或缺的组成部分。总之，本书可以称得上是一部"中国古代女子服饰时尚史纲要"。

诚然，"中国古代女子服饰时尚"作为一个子课题，本书还留下了不少值得进一步探究的"空间"，距离一部完备的"中国古代服饰史"当然更有大量的工作要做。在具体的研究方法上，本书作者们已经比较自觉地涉足美术史、科技史、文化交流史、物质文明史等领域，努力尝试运用多学科综合交叉、比较研究的方法，注意搜寻与排比新、旧资料，提出新问题，得出新认识，有了不少新的突破。但是一门学术史的科学建构，不仅需要我们继续在内容与风格的源流研究、特质研究与比较研究上苦下功夫，还必须在规律探寻、理论总结上勤于思考与善于提炼。陈芳团队这本专著的问世，有力地证明了他们已经开创了中国服饰史研究的新局面；在祝贺他们的同时，也衷心期盼他们能为所倾心钟爱的学术事业做出更大的贡献。

柴剑虹

2014 年 2 月

柴剑虹，中国敦煌吐鲁番学会副会长兼秘书长、中华书局编审。

　　学术生涯是一次有趣的人生旅程，有时需要激流勇进，有时需要理性思索，但更多的时候，不妨追随自己的兴趣和心性，兴之所至，或可以渐入佳境。我与中国古代服饰史的结缘，便是在北京服装学院工作多年以后，自然而然产生的，虽跻身于服装史界日短，更谈不上学术造诣的精深，却倍感肩上担子的沉重。尤其是 2011 年在学校的支持下，成立了中国历代服饰时尚研究的学术创新团队以后，一直希望产生中国古代服饰研究的前瞻性成果，以此开启中国古代服饰研究的新篇章。回想沈从文先生在如此艰辛的条件下研究中国古代服饰，常常感慨万千！老一辈学者走过了筚路蓝缕的道路，取得了服饰通史研究的丰硕成果。今天的我们，不能停留在前辈大师的通史钩沉上裹足不前，而应该继续他们未竟的事业，补充他们未及的日常服饰的个案研究，从而将中国古代服饰史的研究向前推进。

广义上讲，中国古代服饰史是艺术史的一个分支，但在国内学界始终处于较为边缘的地位，原因在于其自身的学科建设水平相对薄弱，缺乏系统的理论架构和高水准的学术成果，因此，难以与主流学术系统建立平等的对话关系，反过来又阻碍此学科话语权的提升。目前，中国古代服饰史的研究可以概括为三种现状：一是侧重礼服，二是侧重形制，三是方法单一。首先，综观服饰通史类书籍，礼服研究所占的比重是相当大的，对古代日常服饰则较少涉及，直到今天，我们对古人日常服饰的穿着搭配方式并不太清楚，急需新的日常服饰的研究成果进行补充。另外，对于日常服饰的研究也能管窥当时的服饰流行趋势，"时尚"不是今天才有的概念，古代文献中已经出现"时尚"或"时世装"的词汇，各个时期也存有服饰时尚流变的文献记录，这说明不同朝代都存在日常服饰的流行趋势，只是相关研究滞后。其次，服装史研究的相关论文，数量非常大，但基本停留在形制探讨的层面，对形制背后的服饰文化却关注不多，研究深度则难以彰显。至于研究方法，相对比较单一，就服饰讨论服饰的情况比较普遍，跨学科整合其他领域的知识和研究方法的相对少见。上述情况表明：中国古代服饰研究在沈从文先生等老一辈学者的研究成果之后，虽然也取得了一些成绩，但突破性进展仍需时日。然而，新的考古发现以及大数据时代材料的丰富，给今天的研究提供了良好的契机。基于此，本书的研究对象主要锁定在中国古代女子的日常服饰，希望借此引出古代女子时尚的相关讨论，弥补服饰通史以礼服为主叙事不足的缺憾，重新评价所谓服饰史的主体到底为何。肯定一种多元地了解历史的维度，同时，也符合史学研究的新方向：专题生活史研究。专题生活史的研究可以有非常广泛的主题，如饮食、服饰、建筑、旅行、娱乐、生命循环、性别与私人生活等诸多领域，我们锁定在服饰领域。

研究中国古代服饰史，如果只是从形制到形制，将无法深入进行下去。倘若只关注服饰领域的知识，同样难以产生前瞻性的成果。只有采用前沿的研究方法，纳入多学科的视野考量，才是行之有效的方法。目前，国际上在研究实用器物领域比较前沿的方法是物质文化的方法。"物质文化"（material culture）是在美国人类学界首先使用的名词，之后逐渐在艺术史、经济史、社会史、科技史等领域运用。牛津大学柯律格教授被推为将"物质文化"用于艺术史研究领域的第一人。他大概从 1980 年开始使用"物质文化"一词来代替以前的"装饰艺术"或"实用艺术"等词汇。"装饰艺术"和"实用艺术"，用英语表达即 decorative art, applied art，都暗示你所处理的对象是低等级的、二流的、简单的，不是真正的纯艺术。而使用前沿的词汇"物质文化"时，不仅不暗示研究对象的低等地位，而且彰显其本身的价值，即不强调对象的等级地位，而强调物质对象的文化属性。因为"物质文化"是一个比较中性的词汇，一个学术性很强的词汇，即使是受过良好教育的英国人，如果不在大学或博物馆工作，也从来不会使用这个词，更不明白它的含义。柯律格认为在英语中使用 decorative art 这个词，已经意义不大了，英国学术界已用"物质文化"替代"装饰艺术"、"实用艺术"或者"工艺美术"。

那么，用物质文化的方法研究中国古代服饰，必须结合社会学、文化人类学、考古学、历史学、经济学、艺术学、民族学、心理学等跨学科的知识，从个案研究入手，逐步深入展开。这种方法不仅关注服饰的形制，更注重与服饰相关的物质文化的方方面面，对服饰的研究将更加全面、深入。研究对象或可以相当广泛，由于时间所限，本书主要观照先秦、汉代、六朝、唐代、宋辽金元、明清流行的女子服饰，选取典型的个案展开研究，诚然不可涵盖历朝历代女子服饰的全貌，但管中窥豹，或可以明了一些具体的问题，并借由这些问题透射出服饰与当时物质文化的关联。最终希望采用新材料、新方法、新视角，将宏观论述、中观考察、微观分析结合起来进行综合研究。

通过多年的努力，我们中国历代服饰时尚研究学术创新团队在研究方面已经取得了一点成绩，但对比沈从文先生在巨大成就面前还称自己"好像打前哨的，小哨兵样子，来做些试探，探路子"，我们还有什么理由骄傲自满呢？中国古代服饰研究学科建设薄弱，我们也只是刚刚开始取得初步的成果，向前看，任重而道远……

衣裳之始

先秦女子服饰时尚

在中国古代传说中，盘古开天辟地之后，未有人民，女娲便模仿自己和兄长伏羲的模样抟土造人，从此有了人类的开始[1]。伴随着天地初开与男女出现，裸态的人类如何披上了第一件衣裳，他们如何迈出创造服饰的第一步；服饰的男女之别始自何时；一枚骨针，一个纺轮，一缕丝线，如何经由岁月之手化为服用之必需，再经时风磨砺吹拂，终成时尚之物，更替演变……让我们从众多的历史资料中抽丝剥茧，探寻女子服饰的起源与先秦女子的风雅之美。

第一节 女子服饰的起源

关于服饰起源，后世的人们有着种种猜测——保护说、装饰说、遮羞说等。众多说法中，或许远古人类生存的本能与生活的基本需要，更易解释为服饰产生最根本的动因，这也更加符合《释名·释衣服》之解，即"衣，依也，人所依以庇寒暑也"[2]。对服饰有案可稽的最早记录可追溯到黄帝尧舜时期,《周易·系辞下》有："黄帝、尧、舜垂衣裳而天下治，盖取诸《乾》、《坤》。"[3]王逸《机赋说》有："古者衣皮即服装也，衣裳未辨。羲、炎以来，裳衣已分，至黄帝而衮冕。"这些记述大致描绘了衣服形成的过程：上古时代人们所围披的皮毛就是衣服，到黄帝

[1]（汉）应劭《风俗通》："俗说天地开辟，未有人民，女娲抟黄土作人，剧务，力不暇供，乃引绳于絚泥中，举以为人。"

[2]（汉）刘熙：《释名》卷五，中华书局，1985年。

[3]（宋）朱熹：《周易本义》，中国书店，1994年，118页。

尧舜时不仅结束了史前服装的简单围披状态，并且将服装定型为上衣下裳，服装的功用也从物理上的遮寒避暑上升为精神所需，而至商周，中国服装体系的文化属性逐步明朗。

一、女子服饰起源的条件

劳动，创造了工具也创造了服饰。

虽然关于远古时代纺织服饰的实证资料极其有限，但可以推断大约在距今50万—40万年的旧石器时代，人类开始装扮自身，而在距今4万—1.5万年的旧石器时代晚期，原始衣物已渐为发达。到了新石器时代，麻葛、蚕丝、纺轮已经普遍应用，原始织造技术趋向成熟。材料、工具、技术三大因素的完善，为原始成衣提供了物质上的保障，这一切令服装的出现成为可能，并直接促成了人们经由对自然物的改造而获得为我所用的服装。

1. 材料

（1）羽皮。中国先民利用动物毛羽的历史，也可以追溯到很遥远的时代。由于毛织物在中原温湿气候下难以保存，在历年的考古发掘中鲜有发现。但在诸多古代文献中，我们可以找到人们利用羽皮的记载。如《礼记·礼运》："昔者先王未有宫室……未有丝麻，衣其羽皮。后圣有作……治其麻丝，以为布帛。"[1]《韩非子·五蠹》有："古者丈夫不耕，草木之实足食也；妇人不织，禽兽之皮足衣也。"

---

[1]（元）陈澔：《礼记集说》，中国书店，1994年，187页。

由此可以看出，上古时期的人们已开始狩猎动物而食，并取其皮毛羽毳为衣。

（2）麻葛。《韩非子·五蠹》记载上古尧帝的服装是"冬日麑裘，夏日葛衣"。麻葛用于纺织品，在考古发掘中也得到了颇多实证。在江苏吴县草鞋山遗址中，出土了三块距今 6000 年的炭化葛纤维织物残片[1]；河南郑州青台遗址出土的距今 5500 年的红陶片上即粘附有麻布[2]；在浙江吴兴钱山漾距今 4700 年的居民遗址中，出土的一批织物残片经分析也有用苎麻纤维织造而成者[3]……这些材料充分说明，在新石器时代人类使用植物纤维作为衣料已非常普遍。

（3）蚕丝。中国先民何时开始利用蚕丝，历来有不同说法，如黄帝时期其正妃嫘祖西陵氏"教民养蚕"的传说，《古今图书集成》中关于"伏羲氏化蚕丝为穗帛"的记载，以及民间流传的"马头娘娘"化而为蚕的故事，等等。这些故事虽多出自后人的推想，但其养蚕缲丝之说与事实并不太远，更多实证也为我们展现了中国丝绸纺织的历史。如在浙江余姚河姆渡遗址中发现了距今 6000 年的象牙骨盅上刻有四条蚕纹[4]，山西夏县西阴村发现了距今 4700 年的半颗蚕茧[5]，最重要的发现资料是钱山漾遗址中出土的黄褐色的绢片和炭化了的丝线、丝带[6]（图 1-1）。不难看出，在生产发展极为缓慢的新石器时代，中国的缲丝织绸水平已经相当成熟。

---

[1] 南京博物院：《江苏吴县草鞋山遗址》，《文物资料丛刊》（3），文物出版社，1980 年。

[2] 郑州文物考古研究所：《荥阳青台遗址出土纺织物的报告》，《中原文物》1999 年第 3 期。

[3] 浙江省文物管理委员会等：《吴兴钱山漾遗址第一、二次发掘报告》，《考古学报》1960 年第 2 期。

[4] 河姆渡遗址考古队：《浙江河姆渡遗址第二期发掘主要收获》，《文物》1980 年第 5 期。

[5] 〔日〕布目顺郎：《养蚕的起源和古代绢》，雄山阁出版，1979 年。

[6] 浙江省文物管理委员会等：《吴兴钱山漾遗址第一、二次发掘报告》，《考古学报》1960 年第 2 期。

图 1-1 绢片（浙江吴兴钱山漾新石器遗址，黄能馥、陈娟娟《中国丝绸科技艺术七千年》）

图 1-2 北京人生活情景复原图（《考古中国》）

2. 工具

（1）石器、骨针。距今 50 万年的北京猿人，已经开始大量使用石器（图1-2），包括砍砸器、刮削器、锥状器等。那么当冬季严寒之时，他们有否可能用石器削刮兽皮或切割茎叶，磨骨为针，抽筋渍麻为线，连料为衣呢？在距今 2.5 万—1.8 万年的山顶洞人遗址中发掘出一枚骨针（图1-3），针长 82 毫米，直径 3.1—3.3 毫米，针孔直径 1 毫米，针身圆滑，针尖较锐利。而发现骨针数量最多的当属陕西西安半坡新石器遗址，多达 281 枚，针孔仅 0.5 毫米 [1]，如此细小的针孔，说明其所牵经的"线"一定是经过加工的纤维。骨针的出现，令原始缝纫成为可能。

（2）纺坠、纺轮。动植物纤维的皮茎需经人工劈分、绩接、搓合、纺捻，才能获得可用的较长纤维，而通过纺坠的工作，这些原始纤维才能连接变长，成为可用于纺织的纱线。纺轮是纺坠最重要的组成部分，在已公布的七千余处较大规模的新石器文化遗址中，多数都出土有用于纺纱捻线的石制纺轮或陶制纺轮（图1-4）。

图 1-3 山顶洞人使用过的骨针（周口店遗址博物馆藏，《文物天地》）

---

[1] 中国科学院考古研究所：《西安半坡》，文物出版社，1963 年。

图 1-4 纺轮（江苏六合程桥羊
角山遗址,《文物天地》）

现知最早的新石器时代纺轮,出自河北磁山遗址(距今 7000 年);而最多的一次发现,是在青海乐都柳湾遗址，达一百多枚。纺轮的发明提高了动植物纤维搓转与捻合的效率,为后续的织造工作提供了获得充足纱线的保障。

3. 技术

早在旧石器时代晚期，先民们即能搓捻符合穿针引线要求的较细线缕，或编或织，渐渐产生了原始的布帛。随着人们对天然纤维的了解，又发明了工具加工纤维，织制真正的纺织品。而男耕女织 [1] 的明确原始分工，更是丰富了纺织产品的种类，提升了织造质量。

（1）手工编织。中国编织技术的出现，至迟应不晚于旧石器时代晚期。《周

---

[1]《淮南子·齐俗训》：神农氏"身自耕，妻亲织"。

易·系辞下》有伏羲氏"作结绳而为网罟，以佃以渔，盖取诸《离》"。《淮南子·氾论训》有"伯余之初作衣也，缝麻索缕，手经指挂，其成犹网罗"，这里提到的"结绳"及"手经指挂"即是编织技术。在中国的新石器时代遗址中，多出有编织物的印痕和实物：西安半坡仰韶文化出土的距今 7000 年前的陶器中，有一百余件器物留有织物的痕迹，其纹路为平纹或斜纹编织；浙江钱山漾遗址中还发现了编织的丝带实物。手工编织技术使松散的纱线彼此通过结点相连，让织物形成多样的组织结构，直接促成了原始织造的产生。

（2）原始织造。考古资料表明，中国在新石器时代早期，就已经有了原始腰机和综版式织机。经复原的河姆渡新石器时代遗址中发现的原始腰机已经具备了机械的功能：提综、开口、打纬、卷经，类似的织机甚至在今日海南、云南的少数民族中还有应用。综版式织机则是利用综版起到开口作用再进行织造的器具，多用于织带。相较于手工编织，机织大幅度提升了"线之成布"的效率，可以说，在织造技术发明后，人类才真正进入以布帛为衣的时代。

这些从远古时代缓缓衍生而来的稚拙纺织工具与技术，在日后岁月的行进中不断地更新换代，为后世女子服饰的时尚变迁积蓄着最初的发轫力量；而服饰起源中那些或源自生活所需的素朴衣裳，或寄予着巫神之灵的画缋文章，亦在以后的日子里不断变化着形象。伴随着男女两性的社会性别格局的变化，从以"女性"为中心的母系氏族社会，到女性逐步走向从属地位的父系氏族社会，再到后世以礼仪约束的时代，"女子穿什么"似乎不再能由己而定，渐生更多的"规矩"。

第二节《诗经》中的女子风雅

　　《诗经》是中国最早的诗歌总集，渐次成于西周初期（约公元前 11 世纪）至东周春秋的中叶（约公元前 6 世纪）。《诗经》十五国风[1]中的女子形象，可以说是一个时代、一片区域、一种类型女子的群体塑像，那些频繁出现的女子形象鲜有剪裁与修饰，我们得以看到以"女性"自身为参照物的审美取向——桑间河下、城隅麻田，渴望及时于归的女子，追求忠贞爱情的佳人，求德孝勤俭的淑女，她们举手投足之间，衣香鬓影萦绕，此哀彼乐之时，裙衫衣裳摇曳……她们丰富的精神世界中，灵动着健康而鲜活、自在而真实的生命本色。

一、"硕女"之美

　　　　硕人其颀，衣锦褧衣。齐侯之子，卫侯之妻。东宫之妹，邢侯之姨，谭公维私。

　　　　手如柔荑，肤如凝脂，领如蝤蛴，齿如瓠犀，螓首蛾眉，巧笑倩兮，美目盼兮。

　　　　硕人敖敖，说于农郊。四牡有骄，朱幩镳镳。翟茀以朝。大夫夙退，无使君劳。

　　　　河水洋洋，北流活活。施罛濊濊，鳣鲔发发。葭菼揭揭，庶姜孽孽，庶士有朅。

　　　　　　　　　　　　　　　　　　　　——《诗经·卫风·硕人》

---

[1] 流传地域涉及今天的陕西、山西、河南、山东等地。

如此这般风雅的硕人，面目清晰地出现在《卫风》的歌谣中，这位被称为《诗经》中第一美人的女子便是嫁于卫庄公的齐国公主——庄姜。《硕人》一诗，即是在其出嫁时，卫国人为其美貌和气势所撼，欣然而作。不同于《诗经·秦风·蒹葭》一篇"所谓伊人，在水一方"之美的朦胧迷离，《硕人》从庄姜的身世容貌到服饰衣料，一笔一画细致勾勒，由表及里，由内而外，真实可触，实为"千古颂美人者，无出其右，是为绝唱"[1]。硕，是先秦时期生殖崇拜观念下女性健美的典范。"硕人其颀"、"硕人敖敖"均突出了对形体高挑颀长女子的赞美。此外，在《诗经·陈风·泽陂》中亦有对美人的描写："有美一人，硕大且卷。……有美一人，硕大且俨。"更是对"硕美"极力推崇。另有《诗经·唐风·椒聊》中"椒聊之实，蕃衍盈升。彼其之子，硕大无朋。椒聊且，远条且。椒聊之实，蕃衍盈掬。彼其之子，硕大且笃。椒聊且，远条且"以多籽的椒聊喻女子的硕大。彼时"敦厚硕美"之流行，一如后世男性主导的审美观中对女性娇小玲珑之美的青睐，这种对女性壮硕丰满的赞扬，带着中国母系社会对女性尊重的历史惯性，行将驶向审美并不相同的未来。

钱锺书先生曾在《管锥编》中说："（诗经中）卫、鄘、齐风中美人如画像之水墨白描，未渲染丹黄。"[2] 桃之夭夭灼灼其华的美人，桑间河畔谈情说爱的女子，蒹葭苍苍在水一方的佳人……无不执着果敢地追求着爱与自由，这些毫不着色的女性"素然真率"之美，闪耀着至真至纯的人性光辉，给今天的我们留下无限想象的空间。

[1]（清）姚际恒：《诗经通论》。

[2] 钱锺书：《管锥编》第一册，中华书局，1979年。

《诗经》往往取自然之物，喻女子的天然之美。"缟衣綦巾"、"缟衣茹藘"[1]，是男子表述在众多如云如荼的女子中，只深爱着白衣绿巾（红巾）的朴素姑娘；"绸直如发"[2]，是诗人赞美不加修饰的自然之美；"颜如舜华"、"颜如舜英"[3]、"华如桃李"[4]、"手如柔荑"[5]，均取自然之物"舜"、"桃"、"李"、"荑"，形容女子之丽质天成。通过这些对女性容貌、服装、饰物的描写，我们找不到受周礼约束的谨小慎微、循规蹈矩的女子形象，相反，却感受到一股扑面而来的"野性质朴"的气息，如一美人，清扬婉转，与我们邂逅。

二、服色之美

打开《诗经》这幅彩色的历史画卷，五彩的画面呈现眼前：夏日里女子"终朝采蓝"在念着良人归来，男子思恋着"缟衣綦巾"的爱人毫不为如云如荼的美女动心，辛勤的女工"染黑染黄"为公子制着衣裳……这些与色彩有关的描述，或者叙述着时装的色彩搭配，或者讲述着衣料的染色过程，抑或蕴含着与染材有关的种种信息。归纳这些色彩，可以得到女子服饰品类的五大色系，即青色系、红色系、黄色系、白色系、黑色系。

青色系涉及的色名有蓝、绿、青、綦、葵、葱。《诗经·小雅·采绿》中有："终朝采绿，不盈一匊。予发曲局，薄言归沐。终朝采蓝，不盈一襜。五日为期，

---

[1]《诗经·郑风·出其东门》。

[2]《诗经·小雅·都人士》。

[3]《诗经·郑风·有女同车》。

[4]《诗经·召南·何彼襛矣》。

[5]《诗经·卫风·硕人》。

六日不詹。"妻子思念逾期未归的丈夫，无心劳动，遐想连篇。文中提到的"采绿"、"采蓝"即指古代的植物染材的采集过程。其中"蓝"为蓝草，用来染青色，"青青子衿，悠悠我心"[1]中青色的衣领即由蓝草染制而成；而"绿"则为荩草，本是一种黄色染料，经加铜盐作为媒染剂可以染得鲜艳的绿色。綦，则指青黑色。《诗经·郑风·出其东门》有"缟衣綦巾，聊乐我员"。《诗经》中提到的菼与葱色，亦为青色系，但不特指女装。《诗经·王风·大车》中有"大车槛槛，毳衣如菼"，菼，释义为芦之出生者也，指浅青色，便是毳衣的颜色。葱色则是对玉色的解读，苍色如葱也，《诗经·小雅·采芑》中"有玱葱珩"即是如此。

红色系包括的色名有朱、赤、絑、璊。染红色的染材有茹藘，即茜草。《诗经·郑风·东门之墠》中"东门之墠，茹藘在阪"描述的就是生在山坡上的茜草。而《诗经·郑风·出其东门》一篇中提到的"缟衣茹藘"亦是用茜草染得的红巾。《诗集传》解"茹藘可以染绛，故以名衣服之色"，《释文》中说："茹藘，茅蒐，茜草也。"赤，在殷商甲骨文中即已出现，《说文》中说："赤者，火色也。"《诗经》中多处提到赤色，如"三百赤芾"、"赤舄几几"、"赤芾金舄"、"赤芾在股"，虽均对应男子朝服而言，但可见赤色的应用。朱色，字形从木，《山海经·西荒经》曰："盖山之国有树，赤皮，名朱木。又朱赤，深纁也。"后人西晋傅玄曾说："近朱者赤。"那究竟，朱与赤有何区别？唐人孔颖达在解释《礼记·月令》"驾赤骝"时有"色浅曰赤，色深曰朱"，可知朱色略深于赤色。而关于朱色本身的深浅，汉郑玄注《仪礼·士冠礼》有"凡染绛，一入谓之縓，再入谓之赪，三入谓之纁，朱则四入"。华夏先民相信朱色代表着长生，用朱漆的棺椁和"墨染

---

[1]《诗经·郑风·子衿》。

其外，而朱画其内"[1] 的祭物告慰先人。朱色也是当时的"正色"，属尊贵的颜色，《论语·阳货》一篇说"恶紫之夺朱也"，即是厌恶以邪代正、以异端充正理。《诗经》中，多处提到朱色，《诗经·豳风·七月》中有"我朱孔阳，为公子裳"，《诗经·鲁颂·阃宫》有"朱英绿縢"，《诗经·唐风·扬之水》也有"素衣朱襮"、"素衣朱绣"。虽并非特指女装，但亦可知朱色为当时的流行色，并常与素色、绿色搭配使用。韎，出现在《诗经·小雅·瞻彼洛矣》"韎韐有奭"中。《诗集传》解释为："韎，茅蒐所染色也。"《毛传》[2]："韎韐者，茅蒐染韦也，一入曰韎。"可知，韎韐为红色皮质蔽膝，而"韎"为茜草一入皮革得到的红色。璊，出现在《诗经·王风·大车》一篇"毳衣如璊"中，《诗集传》解释为："璊，玉赤色，五色备则有赤。"《说文》："璊，玉赪色也。"《尔雅·释器》有："一染谓之縓，再染谓之赪。"由此可推断红色系中，由浅到深，韎为一入茜草染液，为最浅的红色；其次为璊，二入茜草染液；再深的为赤色，略浅于朱；朱色是最深的颜色。

黄色在《诗经》中也多有出现，如"充耳以黄乎而"[3]、"载玄载黄"[4]、"狐裘黄黄"[5]。《说文》："黄部，地之色也。"《释名·释采帛》说："黄，晃也，犹晃晃，像日光色也。"古代可染黄的植物染材有栀子、黄檗、槐米等。天玄地黄，是原始先民对大自然最早的认知，玄衣黄裳，是最严肃与隆重的服饰配色。到东周时，

[1]《韩非子·十过》。

[2]《毛传》是《毛诗故训传》的简称，是一部研究《诗经》的著作，三十卷。关于《毛传》的作者和传授渊源，自汉迄唐，诸说不一。现代一般根据郑玄《诗谱》、陆玑《毛诗草木鸟兽虫鱼疏》所记，定为毛亨（大毛公）所作。毛亨，秦汉间人，生卒不详。

[3]《诗经·齐风·著》。

[4]《诗经·豳风·七月》。

[5]《诗经·小雅·都人士》。

五行学说日渐确立，对应东西南北中五方的观念，黄色被认为是居于四方中间的"中央之色"，是黄、玄、赤、青、白五色之首，地位至高无上。一首《诗经·邶风·绿衣》道出黄色被僭越的幽叹："绿兮衣兮，绿衣黄里。心之忧矣，曷维其已。绿兮衣兮，绿衣黄裳。心之忧矣，曷维其亡。绿兮丝兮，女所治兮。我思古人，俾无訧兮。绤兮绤兮，凄其以风。我思古人，实获我心。"朱熹的《诗集传》中对《绿衣》一诗曾有言曰："庄公惑于嬖妾，夫人庄姜贤而失位，故作此诗……绿，苍胜黄之间色。黄，中央之土正色。间色贱而以为衣，正色贵而以为里，言皆失其所也。"可见，作为混合色的绿色不够纯粹，古人看来是一种较为低贱的颜色，而黄色是原色、纯色，高贵的颜色，"绿衣黄里"讽刺贱妾尊显而正嫡幽微，同时也暗示了当时的服饰配色法则——用绿色布料做衣服的面料，用黄色做里料，是一种不合礼法、本末倒置的穿法。

白色系在《诗经》中以"白"、"素"、"缟"、"云"、"茶"字体现。"素"字如"素丝"、"素衣"、"素冠"、"素韠"[1]。素，《说文》解释为"素，白致缯也"，即本色的未染的帛，就色彩而言，是白色的、无涂饰的色彩。"缟"、"云"、"茶"，皆谓白色，出现在《诗经·郑风·出其东门》一篇："出其东门，有女如云。虽则如云，匪我思存。缟衣綦巾，聊乐我员。出其闉阇，有女如茶。虽则如茶，匪我思且。缟衣茹藘，聊可与娱。"众多人中，总是那淡雅脱俗的白衣女子最是令人思慕。

黑色系在诗经中以"玄"、"缁"得见。玄，《说文》："玄，幽远也。黑而有

---

[1]《诗经·桧风·素冠》："庶见素冠兮，……庶见素衣兮，……庶见素韠兮……"《唐风·扬之水》："扬之水，白石凿凿。素衣朱襮，……扬之水，白石皓皓。素衣朱绣……"《召南·羔羊》："羔羊之皮，素丝五紽。……羔羊之革，素丝五緎。……羔羊之缝，素丝五总……"《鄘风·干旄》："……素丝纰之……素丝组之……素丝祝之……"

赤色者为玄。"《毛传》："玄，黑而有赤也。"玄色可以视为华夏先民对"天地玄黄，宇宙洪荒"世界混沌初开最早的理解。《诗经·豳风·七月》有"载玄载黄"，即指将布料染黑又染黄。古代可以染黑的染材有橡斗、皂斗等。缁，《说文》："缁，帛黑色也。"《诗经·郑风·缁衣》以"缁衣"暗示即将归来的贤人："缁衣之宜兮，敝予又改为兮。适子之馆兮，还予授子之粲兮。缁衣之好兮，敝予又改造兮。适子之馆兮，还予授子之粲兮。缁衣之席兮，敝予又改作兮。适子之馆兮，还予授子之粲兮。"同为黑色系，玄色和缁色有何区别？《周礼·考工记》记载："三入为纁，五入为緅，七入为缁。"七入过程经茜染得到红色系的縓、赪、纁三色，再经蓝染得到青中带赤的绀、緅两色，最后再经皂染得到玄、缁两色。可以确定，玄色为黑中带红的颜色，而缁色是比玄色更黑的颜色。

三、女服用料

　　七月流火，九月授衣。一之日觱发，二之日栗烈。无衣无褐，何以卒岁！三之日于耜，四之日举趾。同我妇子，馌彼南亩。田畯至喜。

　　七月流火，九月授衣。春日载阳，有鸣仓庚。女执懿筐，遵彼微行，爰求柔桑。春日迟迟，采蘩祁祁。女心伤悲，殆及公子同归。

　　七月流火，八月萑苇。蚕月条桑，取彼斧斨。以伐远扬，猗彼女桑。七月鸣鵙，八月载绩。载玄载黄，我朱孔阳，为公子裳。

——《诗经·豳风·七月》

　　上文呈现了如下的场景：春暖桑柔，豳地女子手执懿筐，采桑养蚕，八月里开始绩麻纺织，染色制衣裳，以备冬日之需。诗中按节令有条不紊地叙说了与制衣相关的采桑、养蚕、纺织、染色、制衣的种种步骤。通观《诗经》中的纺织记载，可以确定的是，周代的服装衣料至少有三大品类：麻葛、丝织品、裘皮。

1. 麻、葛

麻、葛是中国古代重要的服用材料，不同于我们今日对棉布的理解，麻布与葛布是古时的"布衣"之料。《诗经》中有多首涉及麻、葛种植的诗，如"丘中有麻"、"旄丘之葛兮"、"彼采葛兮"等。

麻，有大麻（火麻）、苎麻。《诗经·陈风·东门之池》："东门之池，可以沤麻。彼美淑姬，可以晤歌。东门之池，可以沤纻。彼美淑姬，可以晤语。东门之池，可以沤菅。彼美淑姬，可以晤言。"其中，"纻"则是东周时期苎麻（也称"苎布"）的称谓。诗中提到的"沤"，则是植物麻变成织物麻必须经过脱胶的过程，《诗集传》也曾对此解释："沤，渍也，治麻者必先以水渍之。"

葛，又名葛藤、葛麻。它的制作方法，《诗经·周南·葛覃》一篇有："葛之覃兮，施于中谷，维叶萋萋。黄鸟于飞，集于灌木，其鸣喈喈。葛之覃兮，施于中谷，维叶莫莫。是刈是濩，为絺为绤，服之无斁。"《毛传》解释："濩，煮之也。精曰絺，粗曰绤。"后人孔颖达也说："于是刈取之，于是濩煮之，煮冶已迄，乃缉绩之，为絺为绤。"即割下葛藤，热水煮烂，再在流水中捶洗干净，取其纤维再做纺织。水煮，是葛的初加工方法，而根据制作的精细程度，又将葛料分为精梳的絺与粗梳的绤。关于絺绤的穿用季节，《诗经》中有三篇分别提及：《邶风·绿衣》有"絺兮绤兮，凄其以风"（粗细葛布制成的衣裳，穿着凄凄透风），《小雅·大东》及《魏风·葛屦》都有"纠纠葛屦，可以履霜"（葛麻的鞋子，岂可踩踏寒霜），可知葛是夏季制衣、制鞋的用料。

图 1-5 战国铜壶
上的采桑习射纹
（沈从文《中国
古代服饰研究》）

2. 丝织类

《诗经》三百篇中，涉及蚕、桑、丝的诗很多："十亩之间兮，桑者闲闲兮……十亩之外兮，桑者泄泄兮……" [1] "十亩之间"可见当时桑树种植范围之广，而"桑者闲闲"描绘出采桑女子归来时悠闲快乐的场面（图 1-5）；"桑之未落，其叶沃若" [2] 展现了桑叶的茂盛；而"虻之蚩蚩，抱布贸丝"则说明当时丝织品已经在市场上流通交易。从众多诗句中可以看出，黄河流域的桑蚕丝织业极为发达。《诗经》，并《周礼》、《仪礼》、《尚书》、《礼记》等书中，均蕴含着丰富的丝绸信息，不难得出，丝织物是此时的高级服装用料，有轻薄的"绢"、厚重的"绨"、细密的"缣"、彩色的"锦"、素色的"缟"、稀疏的"纱"、绞经的"罗"、高捻度的"縠"等。

值得重要一提的是锦，现有的纺织考古资料显示，锦在西周之后就有出现（辽宁朝阳西周墓出土）。"织彩为文曰锦"，锦是多彩提花织物，因制作工艺复杂，

---

[1]《诗经·魏风·十亩之间》。

[2]《诗经·卫风·氓》。

耗时费功。《释名》："锦，金也，作之用功重，其价如金，故字从金帛。"因此，锦是丝织品中最华贵精美的珍品，《诗经·小雅·巷伯》中"萋兮斐兮，成是贝锦"言各色丝线交织可以织成美锦。《毛传》："萋斐，文章相错也。贝锦，锦文也。"《郑笺》[1]："锦，女工之集采色以成锦文。"所谓织彩为文，《诗经·卫风·硕人》有"衣锦褧衣"，《诗经·郑风·丰》亦有"衣锦褧衣，裳锦褧裳"，即说锦的珍贵，穿锦衣锦裳时，需在外面罩上麻衣麻裳。《诗经·秦风·终南》中"君子至之，锦衣狐裘"，更是将锦与狐裘并列为昂贵的衣料，这些色彩斑斓的锦制成的衣裳，均用于对贵族的描述，足可见衣锦是身份地位的象征。

3. 裘皮

除了麻、葛、丝织品，《诗经》中多处提到与毳、裘、皮、革有关的用料，虽非特指女装，也在此一并提及。

《诗经·王风·大车》："大车槛槛，毳衣如菼……大车槛槛，毳衣如璊……"《说文》："毳，兽细毛也。"细毛制成的毳毛大衣，染成"如璊"、"如菼"的颜色，该是多么奢华的衣料。《诗经·召南·羔羊》："羔羊之皮，素丝五紽。退食自公，委蛇委蛇。羔羊之革，素丝五緎。委蛇委蛇，自公退食。羔羊之缝，素丝五总。委蛇委蛇，退食自公。"《诗经·周南·旄丘》："狐裘蒙戎，匪车不东。"可以确定用于制作皮革、皮裘的动物有羔羊及狐。《诗经·秦风·终南》："锦衣狐裘。"《传疏》[2]："《玉藻》：'君衣狐白裘，锦衣以裼之。'锦衣狐裘，诸侯之服也。"昂贵的锦再搭配不菲的狐裘，恐怕也只有诸侯贵族才可享用吧。

---

[1]（汉）郑玄作《〈毛诗传〉笺》的简称。

[2]（清）陈奂作《诗毛氏传疏》的简称，也称《毛诗传疏》，是研究《诗经》的著作。

如前所述，《诗经》中女子制衣的用料已很多样：渍麻煮葛得到麻葛衣料，养蚕缫丝织成精美丝品，取毛鞣皮获得羔皮……再经由练染、画缋、文绣，使得衣料更加丰富，并向着更加精美的方向发展。画缋工艺常"草石并用"，即在草木染的衣料上用调和后的矿物颜料涂绘成各色图案。周时，画缋与绣往往共同使用。《周礼·考工记·画缋》："画缋之事，杂五色，……五采，备谓之绣，……凡画缋之事，后素功。"可见绣与画缋的密切联系。绣，在《诗经》中多处出现，《唐风·扬之水》有"素衣朱绣"，《豳风·九罭》有"衮衣绣裳"，《秦风·终南》有"黻衣绣裳"等。以针代笔，以线代墨，刺绣在日后渐渐成为女服重要的装饰手法。

四、女服品类

> 君子偕老，副笄六珈。委委佗佗，如山如河，象服是宜。子之不淑，云如之何？
>
> 玼兮玼兮，其之翟也。鬒发如云，不屑髢也。玉之瑱也，象之揥也，扬且之皙也。胡然而天也？胡然而帝也？
>
> 瑳兮瑳兮，其之展也，蒙彼绉絺，是绁袢也。子之清扬，扬且之颜也。展如之人兮，邦之媛也！

——《诗经·鄘风·君子偕老》

这一篇是呈现服饰信息最多的一首。诗中这位气质如山如河的"邦媛"就是卫宣公"新台纳媳"的齐国公主——宣姜。全诗极力咏叹宣姜来嫁时的服饰之盛、仪容之美，以美写丑，讽刺"子之不淑"。其中涉及的服装、配饰，详细解读如下。

诗中女服提及四种，分别是象服、翟、展、缊袊。其中，前三种均为女子礼服，后一种为女子燕服，"诗首言袆衣，次言翟衣，次言展衣，各举其一以明服饰之盛"[1]。《周礼》记载，王后的礼服共六种，分别是"袆衣、揄狄、阙狄、鞠衣、展衣、褖衣"，其形制都是衣裳相连的深衣之制[2]，合称六服。六服都用素色生绢为衣里，从而衬托女子的品德尊贵与专一。袆衣、揄翟、阙翟这三种祭服都是以翟鸟尾纹，称"三翟"。

"象服"，画象之服，与冕服十二章章象之义相同，以物象取义，为玄色，彩绘翚文，是三翟中最隆重的一种。《毛诗正义》[3]："象服，尊者所以为饰。"《孔疏》[4]："翟而言象者，象鸟羽而画之，故谓之象。故知画翟羽亦为象也。"清人马瑞辰在《毛诗传笺通释》中有解："诗上言副笄六珈，则所云象服者，盖袆衣也。〈明堂位〉、〈祭统〉并言'夫人副、袆立于房中'，此首服副则衣袆衣之证。"

"翟"，指翟衣，从周代始至明代，翟衣为后妃隆重的礼服。《周礼·天官·内司服》："袆衣画翚者，揄翟画摇者，阙翟刻而不画。此三者为祭服，从王祭先王则服袆衣，祭先公则服揄翟，祭群小祀，则服阙翟……"袆衣，如前述，是随王拜祭先王时素穿的衣服；揄翟，为青色深衣，画缋有五彩翟文，祭祖先时所穿；阙翟，是祭群小祀所穿的服装，翟纹"刻而不画"。

"展"，展衣，女子朝服[5]。《周礼注疏》："展衣，以礼见王及宾客之服。字当为襢。

---

[1]（清）马瑞辰：《毛诗传笺通释》。

[2]（汉）郑玄《周礼注疏》："妇人尚专一，德无所兼，连衣裳，不异其色……六服皆袍制，以白缚为里，使之张显。"

[3]（唐）孔颖达作《毛诗正义》，简称《正义》。

[4]（唐）孔颖达作《左传正义》来解释晋朝杜预的《春秋左传集解》，简称为《孔疏》。

[5]《郑笺》："后妃六服之次，展衣宜白。……此以礼见君及宾客之盛服也。"

褘之为言亶，亶，诚也。"《释名·释衣服》："禅，坦也，坦然正白，无文采也。"可知展衣为白色，穿在素色葛布绉绤绅祥（内衣）之外，其外再罩。

绅祥，属于燕服。《毛传》："绤之靡者为绉，是当暑祥延之服也。"《郑笺》："展衣，夏则里衣绉绤。"而《孔疏》："绉绤是当暑绅去祥延炎热之服也。……绅祥者，去热之名，故言绅祥之服，祥延之热之气也。"由此可以推断，绅祥当属女子内衣，材质为稀松的葛布，在夏日里贴身穿着。如此之内衣，在《诗经·周南·葛覃》一篇里描绘了一个要回娘家的孝顺儿媳："言告师氏，言告言归。薄污我私，薄浣我衣。"此处的"私"，毛亨认为即是"燕服"中的贴身里衣[1]。

在服饰品类中，用于对女子服饰称谓之词还有"衣"、"裳"、"服"、"褧衣"、"缟衣"、"帨"等。而用于指代服装各部位的术语中，"襮"、"衿"，指衣领，"袺"、"襭"、"裾"，指衣襟，"袂"与"袪"指袖子，其中袂为袖弧宽大的部分，袪指袖口收紧的部分。裳、服，《诗经·卫风·有狐》："有狐绥绥，在彼淇梁。心之忧矣，之子无裳。有狐绥绥，在彼淇厉。心之忧矣，之子无带。有狐绥绥，在彼淇侧。心之忧矣，之子无服。"襮，《诗经·唐风·扬之水》："素衣朱襮。"襭，《诗经·周南·芣苢》："采采芣苢，薄言采之。采采芣苢，薄言有之。采采芣苢，薄言掇之。采采芣苢，薄言捋之。采采芣苢，薄言袺之。采采芣苢，薄言襭之。"帨，《诗经·召南·野有死麇》："舒而脱脱兮，无感我帨兮，无使尨也吠。"

在《君子偕老》篇中，对女子的时尚头饰、发式均有提及，包括"髢"、"副"、"笄"、"瑱"、"六珈"、"揥"。"髢"，即假发，"鬒发如云，不屑髢也"，意在强调女子不须假发垫衬的天然之美。在湖北马山东周墓出土的女主人头部即有如述

---

[1]《毛传》："私，燕服也。"

假发，佩戴假发令女子头发看起来乌黑丰美，当为时尚。"副"，即覆盖在头顶的假发组合，《释名·释首饰》："王后首饰曰副。副，覆也，以覆首。亦言副贰也。兼用众物成其饰也。"郑玄在《周礼注疏》中对副也有解释："副之言覆，所以覆首为之饰，其遗象如今之步摇矣，服之以从王祭祀。"《广雅》："假结谓之髲，髲与副同。"由此可知，"副"当为包含假发的头饰组，并且根据穿着者身份地位的高低搭配不同的衡、笄、六珈等物。"笄"，绾髻之物，是周代成年女子的头饰，女子十五岁时行成年礼，可以许嫁，梳髻插笄，谓之"及笄"。笄的材质有木、玉、竹、象牙等，长度根据其固发、固假髻等的不同有长短之别。"瑱"，《毛传》有："瑱，塞耳也。"从汉代的诸多壁画、木俑中的女子形象可以看出，"瑱"即是挂在耳上的玉饰，类似男子佩戴的"充耳"，《周礼注疏》："妇得服翟衣者，纮用五采，瑱用玉；自余鞠衣以下，纮用三采，瑱用石。""六珈"，是"副"的加饰，毛亨、郑玄对"珈"的注疏分别为"珈，笄饰之最盛者，所以别尊卑"，"珈之言加也，副既笄而加饰，古之制所有，未闻"。当知六珈是与副匹配的头饰，数量为六。在汉代画像石中，有类似"副笄六珈"的形象，称为"花钗大髻"。"掻"，清人马瑞辰在《毛诗传笺通释》中认为："掻者，搔头之簪。"诗中"象之掻也"，即以象牙为材质的簪子，可固发髻，增添美观。

玉佩饰当为此时期的流行之物，《诗经》中多篇提及，名目不一，如"佩玉"、"琼琚"、"琼瑶"、"琼玖"、"杂佩"等。诗中或以玉喻人，或以玉传情，足可见玉佩饰在生活中的常见与重要。"巧笑之瑳，佩玉之傩"[1]是借玉来形容女子的行为举止优雅有度，"投我以木瓜，报之以琼琚。……投我以木桃，报之以琼瑶。……

---

[1]《诗经·卫风·竹竿》。

投我以木李，报之以琼玖"[1]，借由赠与美玉象征着"投木报琼"之情谊，"知子之来之，杂佩以赠之。知子之顺之，杂佩以问之。知子之好之，杂佩以报之"[2]，则是以"珩、璜、琚、瑀、冲牙"之类约束佩带者的德行容止；"将翱将翔，佩玉将将"[3] 则以"将将"之声道出了男子对同车女子举手投足优雅气质的仰慕。

皇皇一部《诗经》中以桑、蚕、丝、麻、衣为题材的诗甚多，涉及的地域甚广，再现了周代与织染绣相关的女子服饰风尚。此时女子的自然之美不同于后世，在服饰上得以尽情展现。从制衣的用料，我们可以得知桑蚕丝、麻葛、裘皮这三大品类；从服饰色彩来讲，呈现出素衣之美以及色彩本身的长幼尊卑；从服装的款式看，包括衣裳与袍等；服装的配饰，发笄玎珰六珈亦逼真地出现在文学作品中。在这个风雅的时代，女子服饰亦散发着风雅之美。

---

[1]《诗经·卫风·木瓜》。
[2]《诗经·郑风·女曰鸡鸣》。
[3]《诗经·郑风·有女同车》。

楚汉风韵

楚汉女子服饰时尚

不同于《诗经》中呈现的北国敦厚温柔之风，楚地这个"宽柔以教，不报无道"的"南方之强"[1]，此时却弥漫在一派奇异想象、光怪陆离、情感炽烈的神化世界中——美人香草，芳泽衣裳，缤纷佩饰……无不释放着人们狂放的意绪与无羁的想象。汉起源于楚，楚汉文化一脉相承，其服饰在内容和形式上与楚有着明显的继承性和连续性，永续着汉未央的光芒。

第一节　长袖善舞多属楚

楚人的渊源可以追溯到上古传说时代的祝融与三苗，祝融的后裔熊绎在周成王分封诸侯时被封在楚地[2]，他经过带领族人披荆斩棘、艰苦卓绝的打拼，终于"筚路蓝缕，以启山林"，开创了楚国的基业。这段始自中原而至荆楚的文化迁徙，将中原华夏文化带到了南方的苗蛮之地，因此楚文化兼具着中原传统的理性秩序与南方蛮夷的原始活力。

彼时《诗经》里如白描般的健硕女子，在此时的《楚辞》中似乎难觅踪影，她们不再触手可及，不再于田野间"采荇采薇"地劳动着，而是如"旦为朝云，暮为行雨……湫兮如风，凄兮如雨"[3]的巫山神女般闲居一隅，在山泽森林或殿

---

[1]（汉）戴圣：《礼记·中庸》。

[2]《史记·楚世家》："熊绎当周成王之时，举文、武勤劳之后嗣，而封熊绎于楚蛮，封以子男之田，姓芈氏，居丹阳。"

[3]（战国）宋玉：《高唐赋》。

阁之中痴情怅惘地等待情人的到来，或熏沐着芬芳的香料，手执灿烂的鲜花和雉羽，载歌载舞，以娱诸神。她们的服饰一如那率真、热烈、浓郁的情感，"浴兰汤兮沐芳，华采衣兮若英"[1]，纵放着奇美、奔放、浪漫的光芒。

楚服对前朝周代的服饰形制有着变通与发展，深衣是较好的一例说明。深衣是一种古老的服装样式，在战国至汉时颇为流行，这在诸多文物中可以找到图像及实物依据，有曲裾深衣和直裾深衣之分[2]。孙机先生认为"从渊源上说，楚人

图 2-1 木俑（沈从文《中国古代服饰研究》）

---

[1]（战国）屈原：《云中君》。

[2] 曲裾深衣多见于西汉早期，到东汉一般多为直裾深衣。

着深衣系效法北方各国。但及至西汉，由于开国君臣多为楚人，故楚风流布全国；北方原有的着深衣之习尚为楚风所扇而益盛"[1]。汉郑玄注《礼记·深衣》："深衣，连衣裳而纯之以采者。"深衣以"衣裳相连，被体深邃"而得名，并应"规、矩、绳、权、衡"，是"可以为文，可以为武，可以摈相，可以治军旅"的服装。抛却其"万能"的功能不说，深衣的特征为上衣下裳相连、续衽钩边，按郑玄的注解"续犹属也，衽在裳旁者也。属连之，不殊裳前后也，钩读如鸟喙必钩之钩，钩边若今曲裾也"，这续衽钩边之形制，在诸多楚墓木俑女装上得到证实（图2-1）。此外，在出土的帛画中女服也是此类深衣（图2-2），只见这位女子在龙凤下方，合掌祈祷，纤腰一握，似翩然欲飞，其所着服装即为深衣，下摆褒博，一大片拖曳其后。沈从文先生在其《中国古代服饰研究》一书中说："楚服的特征是男女衣着多趋于瘦长，领缘较宽，绕襟旋转而下，衣多特别华美，红绿缤纷，衣上有着满地云纹，散点云纹，小簇花纹，边缘多较宽做规矩图案，一望而知，衣着材料必出于印、绘、绣等不同加工，边缘则使用较厚重织锦。"曲裾深衣的形制并非凭空而来，而与当时内衣的形制有关。当时下装并非合裆之裤，而是两条裤管并不缝合的胫衣，为避免内衣外露的不雅，外穿的曲裾深衣在下襟并不留开衩扣，而是在腰间用衣衽缠裹，形成身后如燕尾之形。直裾深衣在马山楚墓中有实物可见，根据彭浩先生的整理，楚式衣袍共有三种款式，在细节处虽有差别，但共同点皆为右衽、直裾、上下分裁、腋下有"裆"，与周代服饰有诸多相同之处，两者之间存在着明显的承继关系（图2-3）。虽然出土实物的尺寸及下裳分幅并不合乎《深衣》中"制有十二幅，以应十二月"的定制，但可以确定的是这与后代所说"深衣制"即衣

---

[1] 孙机：《深衣与楚服》，《中国古典服论丛》，文物出版社，2001年。

图 2-2 帛画中的女子服饰（沈
从文《中国古代服饰研究》）

裳连属制存在关联。笔者倾向于赞同周锡保先生对此的观点：汉代郑玄，对那时
妇人服饰应能见到，但他只就汉时的曲裾形式以譬之古代深衣的续衽，未说汉时
妇人服饰即为古代的深衣，可知深衣与汉时妇人服在形制上也是不完全一样，汉
时妇人礼服用衣裳相连属则与古代深衣相同，所以汉制称妇人礼服为深衣制，这
是统言服式之上下相连者的称谓。

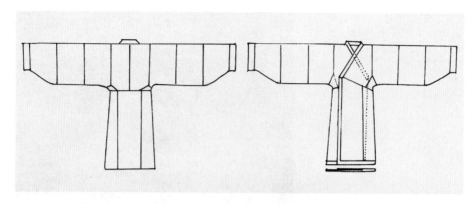

图 2-3 楚式直裾深衣（《湖北江陵马山砖厂一号墓出土大批战国时期丝织品》）

　　尽管如此，楚服并不完全混同于北方各国，相反，在服装款式、衣料、色彩、图案上都有着地处南国的特色。《战国策·秦策》中有这样的记载："不韦使楚服而见（华阳夫人）。王后悦其状，高其知，曰：'吾楚人也。'而自子之。"姚宏注："楚服，盛服。"鲍彪注："以王后楚人，故服楚制以悦之。"可见，此刻用以博得王后注目的是不同于北国的楚乡服饰。又据《史记·刘敬叔孙通列传》："叔孙通儒服，汉王憎之；乃变其服，服短衣，楚制，汉王喜。"可知短衣是除深衣之外楚地的经典款式。湖北曾侯乙墓编钟虡上的铜人女子所穿上襦款式极为清晰，交领、右衽、彩饰宽领缘，值得一提的是襦的下摆并不平直，而是右高左低，于对称规矩中破立新奇。孙机先生认为虽然曾侯乙墓不是楚墓，但是出土物带有浓重的楚风，当以与楚墓并论，列入广义的楚文化范畴。"短衣"的流行，当与楚国地处林山湖泊之中有关，是自然环境使然。《淮南子·原道训》："九嶷之南，陆事寡而水事众，于是民人……短绻不绔，以便涉游，短袂攘卷，以便刺舟，因之也。"九嶷之南多为南方土著所居之地，楚地多水泽，他们这样穿着目的在"以便涉游"。

图 2-4 绒衣。殉葬用衣，衣长 45.5 厘米，袖通长 52 厘米，袖宽
10.7 厘米，腰宽 26 厘米（《中国美术全集·工艺美术编印染织绣》）

图 2-5 战国玉舞人
（上海博物馆藏）

短衣的实证，可见马山楚墓出土的"绬衣"（图2-4），如按其形制放大两倍，穿着时其长度在腰膝之间，袖长及肘。短衣在文献中的记载，有《左传·昭公十二年》言："昔我先王熊绎，辟在荆山，筚路蓝缕，以处草莽。"《左传·宣公十二年》称若敖、蚡冒"筚路蓝缕，以启山林"，其中"蓝缕"即"褴褛"。《说文》的《衣部》有："褴，裯谓之褴褛。褴，无缘衣也。""裯"及"蓝缕"，均是楚地短衣。

浪漫必称楚，这种浪漫体现在服饰的飘逸之风，犹以舞女的长袖细腰为妙，《战国策》《墨子》都有"楚王好细腰，宫中多饿死"的典故，屈原《大招》中称赞美女"小腰秀颈"。细腰的目的不仅使身材更加颀长高挑，而且腰肢的纤细灵活更加衬托出女子的轻柔之美（图2-5）。长沙黄土岭战国楚墓中出土的一件彩绘人物漆奁上所绘的 11 个舞女中，有两个正在长袖细腰地翩翩起舞，旁边三个女子悠然静坐，另有一个女子挽袖挥鞭地指挥，还有五个女子正含笑注目欣赏（图 2-6）。如此女子舞袖而起的一刹那，当是飘逸至极。这种浪漫还更多地体现在楚

图 2-6 彩绘人物漆奁上的女子服饰（沈从文《中国古代服饰研究》）

图 2-7 丝绣品纹样——凤搏龙虎
（湖北荆州博物馆藏）

服的图案中。楚人相信自己是火神的后代嫡传，以浴火重生的凤凰为崇拜物 [1]。凤是人间最美的生灵，身披五彩，能歌善舞，品性高尚，至真至善，鼓力而风，能使国家安宁。诸多战国楚墓出土的丝绸制品，纹样多为凤鸟，令我们想到屈原《离骚》中的场面"吾令凤鸟飞腾兮，继之以日夜"，又犹如《大招》中的呼唤："魂乎归来，凤凰翔只。"以湖北马山楚墓出土的刺绣品为例，发掘的丝织品纹样有蟠龙飞凤纹、对龙对凤纹、龙凤相蟠纹、龙凤相搏纹、凤舞飞龙纹、飞凤纹、凤鸟花卉纹、凤鸟践蛇纹、凤斗龙虎纹……这些纹样以各种各样的凤鸟、龙、蛇、虎、

[1]《白虎通义·五行篇》："炎帝者，太阳也。其神祝融，祝融者……其精为鸟，离为鸾。"

花为主题，严格遵循对称的原则，同时又以流畅的线条来做夸张的构图，色彩缤纷又稳重统一。楚人崇凤、华夏崇龙、巴人崇虎早已是不争的事实。以"凤"为主角的服饰纹样也许正是楚人强盛时期的心态反应，"凤搏龙虎"也正是远古不同民族的凤文化与龙虎文化之争斗的延续（图 2-7）。

第二节　严妆汉服永未央

　　汉文化就是楚文化，楚汉不可分。尽管在政治、经济、法律等制度方面，"汉承秦制"，但是，在意识形态的某些方面，特别是在文学艺术领域，汉却依然保持了南楚故地的乡土本色。美学家李泽厚先生在其《美的历程》一书中就"楚汉之源"表述了他的观点，认为："汉代艺术更突出地呈现着本土的音调传统：那由楚文化而来的天真狂放的浪漫主义，那人对世界满目琳琅的行动征服中的古拙气势的美。"如此，"楚人的文化实在是汉人精神的骨子"[1]。那么，浪漫的楚文化，在时间和空间上对汉文化影响有多深？而影响后世颇深的汉代服饰中，又有多少楚文化的痕迹呢？

---

[1] 李长之 :《司马迁之人格与风格》，天津人民出版社，2007 年。

一、汉代刺绣

"灵殷殷，烂扬光，延寿命，永未央。"[1] 汉代服饰经历了从秦代不守旧制、不守周礼到东汉重定服制、尊重礼教的转变过程，不仅显示出儒家思想以及冠服制度在政治上日益突出统治作用，亦对后世各朝服装的形成与发展产生重大影响。我们通过长沙马王堆西汉墓出土的女性服饰感受汉代艺术"深厚雄大"之美，其服饰与绣品，技艺高超绝伦、天工巧夺，堪为后世实践研究之典范。汉代刺绣承继着楚绣的奇美与灵巧，在工艺上延续了传统的锁线绣，并增加了平绣与铺绒绣。马王堆出土的绣品中，40件为锁线绣，其他辅以平绣。锁线绣，即以针套线，拉出锁链的绣法，在中国出土的早期绣品中，多见锁线绣，这也是中国最古老的绣法之一。锁线绣擅长表达圆顺、修长、流畅的线条，针法不囿于图样，线条洒脱灵动，于规整中释放自由。平绣即以针线将纹样平铺以绣之，马王堆出土绣品之平绣见于两类：一是棋格纹绣片中的圆点，一是棺椁外层满绣的几何纹图。田自秉先生将汉代装饰风格归纳为"质、动、紧、味"，这四字用于形容汉代刺绣也是极为贴切的。"质，它具有古拙、朴质的特点，但古拙而不呆板，朴质而不简陋。动，流动的云气纹，使装饰面产生多样的变化。生动的飞禽走兽，富有劲健的生命力。……紧，汉代的装饰是满而不乱，多而不散，它是密中求疏，疏中有密。……紧凑而不是繁缛，填充却不是堆砌。味，这里指的是装饰味。汉代的纹样具有它独特的风格，即样式化的装饰美。"[2] 总之，汉代刺绣风格呈现出古拙中见深沉，飞动时呈雄大的美感。

---

[1]《汉书·礼乐志》。

[2] 田自秉：《中国工艺美术史》，知识出版社，1985年。

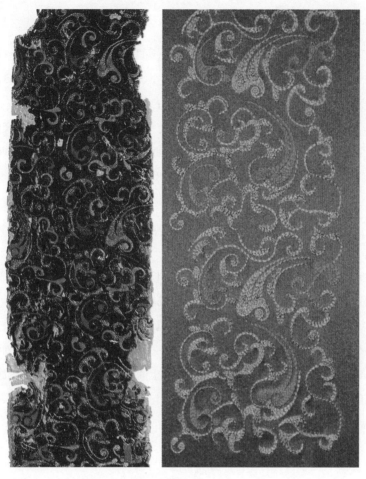

图 2-8 信期绣及复制品（复制者：邰欢）[1]

---

[1] 图 2-8 至图 2-17 中马王堆出土绣品图均引自《长沙马王堆一号汉墓》，文物出版社，1937 年。

1. 信期绣

信期绣绣品是马王堆出土绣品中数量最多的一种，共 19 件。纹样单元大小不等，内容为穗状流云和卷枝花草，有疏有密，有繁有简，针脚一般长 0.1—0.2 厘米，颜色多为棕红、橄榄绿、紫灰色、黄色等。信期绣名称来历有二：一说为遣册名，因为绣有这种样式花纹的三件香囊、一副手套和一件包裹九子奁的夹袱，在遣册中均称为"信期绣"；一说因纹饰中的长尾小鸟似燕，而燕为定期南迁北归的候鸟，寓意"忠可以写意，信可以期远"，故称"信期"。（图 2-8）

2. 长寿绣

马王堆汉墓中共出土长寿绣绣品 7 件。长寿绣是汉代锁线绣中，线条最为流畅的，图案单元较大，每个单元包括多朵穗状流云。用色为紫灰色、棕红色、浅棕红、墨绿色。长寿绣的名称来历：一说为遣册名，因绣有这种样式花纹的几巾、镜衣和夹袱，在遣册上均称为"长寿绣"；一说朵朵卷曲的祥云舒展在仙树的枝叶间，细看则是茱萸、凤鸟、龙等象征着长生的吉祥生物显现在云中，屈原《楚辞》中有"吾令凤鸟飞腾兮，继之以日夜"句，凤鸟出现，天下大康宁，也使人长寿，故有"长寿绣"之名。（图 2-9）

3. 乘云绣

马王堆汉墓共出土乘云绣绣品 8 件。主要内容为云纹，单元一端中央有带眼状的桃形花纹，用色为朱红、浅棕红等。乘云绣的名称来历：一说为遣册名，因为绣有这种类型花纹的枕巾，在遣册上均称为"乘云绣"；一说在翻腾飞转的流云雾中隐约可见露头的凤鸟，寓意"凤鸟乘云"，故称"乘云绣"。云气纹的应用，

图 2-9 长寿绣及复制品（复制者：徐美玉）

图 2-10 乘云绣及复制品（复制者：王晓旭）

除了马王堆汉墓，在河北满城、北京大葆台、南京云居山、山东日照以及蒙古的诺因乌拉等汉墓中都有发现，在这里它并不只是单纯的纹样，还作为基本骨骼联系着凤鸟或其他穿插于其中的动物纹样。（图2-10）

4. 茱萸纹

茱萸是一种益草，早在楚绣的纹样中即已出现，多与凤鸟组合成装饰纹饰。《礼记·内则》记有"三牲用藙"，郑玄注："藙，煎茱萸也。"可见茱萸还有一定的宗教文化意义。佩戴香草茱萸，是楚人浓厚巫术意识的反应，《九章·思美人》："惜吾不及古人兮，吾谁与玩此芳草？解扁薄与杂菜兮，备以为交佩。佩缤纷以缭转兮，遂萎绝而离异。"至汉时，经学昌盛，谶纬之学盛行，茱萸更是成为去恶消灾、长生不老、辟恶消厄的祥瑞之物。而药用的茱萸果，有滋阴补力、壮阳去邪的功效。茱萸根可以驱虫，茱萸叶更是可以治疗霍乱，是瘟疫的克星。马王堆出土了一件茱萸纹残衣。"茱萸纹"由考古发掘者命名，并未见于遣册。纹样整体造型为菱形，花头有2—4个分叉，下为弯曲的花柄，枝蔓方折。《西京杂记》中有："……佩茱萸，食蓬饵，饮菊花酒，令人长寿。"配色为四色，枝叶深蓝色，花蕾、花瓣、蒂为朱红色、棕红色、棕色。（图2-11）

5. 方棋纹

马王堆出土方棋纹绣品共2件。方棋纹因形似棋格而被命名。此件以丝线绣成长宽各为3厘米的斜向方格，格内点间排列带蒂圆点和半包围圆圈。配色为三色，方格为墨绿色，点与蒂为棕色、浅绿色（图2-12）。方棋纹图案以棋格为骨架，内填圆点为纹样，由一个个有限的单元，构成了无限的纹样。

图 2-11 茱萸纹及复制品（复制者：邵盼盼）

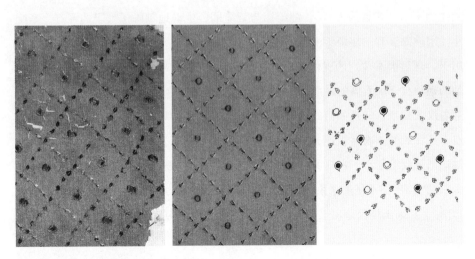

图 2-12 方棋纹及复制品（复制者：朱祥珍）

6.铺绒平绣

铺绒平绣见于马王堆内棺外面的装饰，以绢为地，用朱红、黑、烟三色丝线绣成。图案为长宽各 4 厘米的正方形斜向方格，平针满绣，不露底料，针脚整齐，排列均匀（图2-13）。在楚汉时期的丝织刺绣品中，多见红色，充分反映了楚人尚赤的传统，并流风于汉，朱草、彤弓、朱户、朱庭、朱漆、朱绣……遍及汉人的世界。

二、汉代服饰

《后汉书·舆服志》记载，秦至西汉的贵族服饰，并没有明确的制度，晚至东汉明帝永平二年（59 年）方才定"南北郊冠冕车服制度"。汉时的服饰形式多样，襦裙是颇有代表性的服饰配伍，《陌上桑》中"头上倭堕髻，耳中明月珠。缃绮为下裙，紫绮为上襦"。缃绮裙与紫绮襦，生动地刻画了女子的穿着。辛延年《羽林郎》有"胡姬年十五，春日独当垆。长裾连理带，广袖合欢襦。头上蓝田玉，耳后大秦珠。两鬟何窈窕，一世良所无"。展现的是明媚春光下美貌俏丽的胡姬独自守垆卖酒的画面，那些沿着丝绸之路而来高鼻美目、身材健美的胡姬，穿着汉式襦裙，又是如何的窈窕多姿。此外，女服中以深衣制的袍服为贵，其特点有如深衣的"衣裳相连、被体深邃"，样式有长有短，衣裾有曲有直，多为大袖，袖口部分收缩紧小，古拙深沉，领缘与袖缘较于楚服衣缘更加宽博。尤其是曲裾深衣的宽领，似不是用来束颈，而是用来裹身的，扬之水先生趣称此种风格为"领边绣"[1]。马王堆汉墓出土的女子服饰为汉代女服研究提供了实证，墓中出土了保

---

[1] 扬之水：《领边绣》，《终朝采蓝》，生活·读书·新知三联书店，2008 年。

图 2-13 铺绒平绣及复制品（复制者：朱祥珍）

存完整的衣服 12 件，其中 9 件为曲裾深衣，3 件为直裾深衣，笔者对其进行了部分成衣实践复原。

1. 曲裾深衣的成衣实践

原件描述（参照物为马王堆出土信期绣茶黄罗绮曲裾绵袍）：曲裾、交领、右衽，由上衣和下裳两部分组成。里襟掩入左侧身后，外襟裹于胸前，衽角折到右侧腋后。《尔雅·释衣》称袖口紧窄部分为"祛"，袖身宽大部分为"袂"，"联袂成荫"，正是对这种宽大衣袖的描绘。而燕居时多穿襌衣，即单衣，形制与袍相同，无衬里。衣料为茶黄罗绮面，素绢里，素缘。

尺寸（厘米）：

身长	通袖长	袖宽	袖口宽	腰宽	下摆宽	领缘宽	袖缘宽	摆缘宽
155	243	35	27	60	70	28	30	28

仿制品描述：形制、尺寸与原件同。上衣共六片，纱向正裁，其中衣身两片，宽约 50 厘米，两袖各两片，其中一片宽 50 厘米，一片宽 25 厘米。袂呈胡状，领口呈琵琶形。下裳共四片，纱向斜裁按 50 厘米递减，底边略作弧形。领缘、袍缘及底缘皆为斜裁，多片组成。袖缘为宽度 25 厘米的直纱条拼合斜卷而成。

衣料一：里、面、缘材料均为绡，纹样仿泥金银色火焰纹，印花，素色衣缘。（图 2-14）

衣料二：里、面、缘材料均为绢，纹样仿印花敷彩纱纹，手绘，素色衣缘。（图 2-15）

图 2-14 仿马王堆出土汉代泥金银火焰纹印花纱曲裾深衣（模特：孙艳婷，摄影：武泳献）

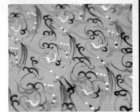

图 2-15 仿马王堆出土印花敷彩纱纹曲裾深衣（模特：孙艳婷，摄影：武泳献）

2. 直裾深衣的成衣实践

原件描述（参照物为马王堆出土印花敷彩黄纱直裾绵袍）:直裾、交领、右衽，由上衣和下裳两部分组成。穿着时，里襟掩入左侧腋下，外襟折到右侧身旁，底摆略呈弧形。印花敷彩黄纱面，素纱里，素缘。

尺寸（厘米）:

身长	通袖长	袖宽	袖口宽	腰宽	下摆宽	领缘宽	袖缘宽	摆缘宽
130	250	39	25	51	66	20	44	37

仿制品描述:形制、尺寸与原件同。上衣共四片，纱向正裁，其中衣身两片，两袖各一片，宽均为 50 厘米。袂较肥大，下垂呈胡状，领口为琵琶形。下裳正裁三片，里外襟均一片，宽各 50 厘米，后身尺寸略宽。领缘、侧缘及底缘皆为斜裁，多片组成。袖缘用宽为 25 厘米的白纱直条斜卷而成。

衣料一:里、面、缘材料均为绡，面料纹样为仿长寿绣，绣花，素色衣缘。（图 2-16）

衣料二:里、面、缘材料均为绡，面料纹样为仿乘云绣，印花，素色衣缘。（图 2-17）

经由成衣实践，我们可以找到汉代女子服饰的用料及配色对阴阳规律的有意识应用——服装的整体与局部均存在着阴阳互补的关系。在整体的服色配伍中，衣身与衣缘的色彩互补，而衣身之中的服装底色与刺绣配色亦存在阴阳互补，就局部的刺绣单元而言，也追求色彩的相错平衡[1]。深究服饰色彩的应用，不难看出其不仅受阴阳五行说的影响，亦在儒家思想盛行且推崇礼学的时代，还囿于尊

---

[1] 王艺璇:《社会思想塑造的设计——汉代服饰色彩现象》,《2011 第八届世界绞缬染织研讨会论文集》, 香港理工大学出版社, 2011 年, 268—272 页。

图 2-16 仿长寿绣纹直裾深衣（模特：周讵燕，摄影：李岩）

图 2-17 仿乘云绣直裾深衣（模特：孙艳婷、刘一飞，摄影：李岩）

卑有序的社会规范。

三、汉代服饰之礼

汉末诗篇《古诗为焦仲卿妻作》中，"鸡鸣外欲曙，新妇起严妆。着我绣夹裙，事事四五通。足下蹑丝履，头上玳瑁光。腰若流纨素，耳着明月珰。指如削葱根，口如含朱丹。纤纤作细步，精妙世无双"刻画了貌美持重、勤劳能干、温柔有礼的女子刘兰芝的形象。礼仪，是服章的生命。所谓"有服章之美谓之为华，有礼仪之大谓之为夏"。现代人身着汉式服装，举手投足间往往缺乏风度、神韵。深究原因，往往是不懂服装背后的礼仪规范。因而，要还原汉人传统生活的风貌，不能仅限于对服装本身的模仿，所谓"礼仪制度，衣服正之"，贾谊《新书·礼》："礼者，所以固国家，定社稷，使君无失其民者也。"先正衣冠，后明事理。言行之间，当受礼仪约束，萌芽于周代的礼教经汉儒的整合发展，在汉代服务于现实，甚至出现了专门针对女子教养的著述《列女传》和《女诫》。如下，摘取《新书·容经》以共睹。

容经

贾子曰："容有四起：朝廷之容，师师然翼翼然整以敬；祭祀之容，遂遂然粥粥然敬以婉；军旅之容，湢然肃然固以猛；丧纪之容，怆然懔然若不还。"

容貌有四种表现：在朝廷之中的容貌，互相师法小心谨慎、严肃恭敬；祭祀时的容貌，要跟随大众，谦恭尊敬而和顺；在军队中的容貌，要忠诚严肃、稳健勇猛；在丧事中的容貌，忧愁恐惧，如同一去不返。

视经

贾子曰："视有四则：朝廷之视，端沂平衡；祭祀之视，视如有将；军旅之视，固植虎张；丧纪之视，下沂垂纲。"

目光要遵循四项法则：在朝廷之中的目光，正眼平视；在祭祀时的目光，目光中要有所表达；在军队中的目光，要如同猛虎一样威武地张大眼睛坚定注视；在丧事中的目光，视线需低垂，并注视下方。

言经

贾子曰："言有四术：言敬以和，朝廷之言也；文言有序，祭祀之言也；屏气折声，军旅之言也；言若不足，丧纪之言也。"

说话有四种方式：语气恭敬而温和，是在朝廷说话的方式；用语文饰，抑扬顿挫，是祭祀时说话的方式；压低声音小声说话，是在军队中说话的方式；气力不足，是在丧事中说话的方式。

立容

贾子曰："固颐正视，平肩正背，臂如抱鼓，足间二寸，端面摄缨，端股整足，体不摇肘，曰经立；因以微磬曰共立；因以磬折曰肃立；因以垂佩曰卑立。"

站立时要收紧面颊，目光平视，肩膀放平，后背挺直，双臂相合像抱鼓一样掩在袖子里，两脚微张相距二寸。面容要端庄，帽带要收紧，不能手脚无所拘束，否则会被视为无礼。经立时身体和手均不能摇摆，恭立时身体要微微向前倾，肃立时身体的曲度与磬要相符，卑立时身体要弯曲到能使胸前的佩玉悬垂下来。

坐容

贾子曰："坐以经立之容，胕不差而足不跌，视平衡曰经坐，微俯视尊者之膝曰共坐，俯首视不出寻常之内曰肃坐，废首低肘曰卑坐。"

按经立的姿势坐下，膝盖和小腿并紧，臀部坐在脚跟上，脚背贴地，目光平视，头微微低下，双手自然放在膝盖上，称之为经坐。恭坐在经坐基础上，目光注视对面坐者膝盖，肩部自然放松。肃坐时要低头，身体微微前倾，目光不超过身边数尺。卑坐时头需完全低下，手肘自然下垂。

跪容　拜容

贾子曰："跪以微磬之容，揄右而下，进左而起，手有抑扬，各尊其纪。

拜以磬折之容，吉事上左，凶事上右，随前以举，项衡以下，宁速无迟，背项之状，如屋之丘。"

跪时，身体微微向前躬曲，挥动右手跪下，进而左手，站起来，手挥动的幅度，各自遵从各自的规矩。拜的时候，身体向前倾曲，遇到喜事时将左手放在右手上面，凶事时右手放在左手上面，手向着前方举起，颈项平衡向下，宁可快些拜也不要迟缓，脊背和后颈的形状要像屋脊一样。

服饰，讴歌着女子自由鲜活的生命——先秦北国的理性精神，呈现出风雅时代的硕女之美；而长袖善舞的女子楚服似乎传递着老子的"法天"[1] 与庄子的"齐物"[2]；后世的汉文化，承接了浪漫楚风在时间和空间上的双重影响，一派严妆盛服。这些对女子服饰风尚的描写，展现了封建礼制完善之初，中国社会女权逐渐失落，而男权逐步确立的时代背影下女性服饰审美发生的微妙转折。

---

[1]《老子》第二十五章有"人法地，地法天，天法道，道法自然"。法天，即人心虽能知，但人力不能及，法自然而得到，追求与自然相贴近的服饰风格。
[2]《庄子·天地》："万物一府，死生同状……是亦彼也，彼亦是也。"

灵动飘逸

六朝女子服饰时尚

曹植《洛神赋》在描写洛水女神时，云其风姿"翩若惊鸿，婉若游龙"，极尽飘逸灵动之美。观顾恺之《洛神赋图》，身穿衫裙的洛水女神，大袖盈盈、衣带飘飘，同样给人灵动飘逸之感。结合魏晋南北朝时期出土的图像和实物资料，我们可以发现，魏晋人所崇尚的自然灵动之美，在女子服饰上也留下了相同的印迹。在此，我们选取了裲裆衫、袴褶、五兵佩、步摇花、步摇冠等个案，来展现六朝女子服饰的基本风貌，虽然不免以偏概全，但却可以让我们具体而微地感受到六朝女子的穿戴时尚。

穿戴既是一种时尚，自然就会打着时代的烙印，体现着那个时代的历史与文化情调。因此，除了让大家了解六朝女子的服饰风貌及其基本样式外，我们还力争把它们放在当时的历史环境中，揭示其背后所隐含的社会文化、生活状态与情趣。因为服饰不仅仅是一个物件，更是人们社会生活的历史见证，拥有丰富的文化内涵。衫裙翼翼、步摇生辉，在六朝女子灵动、飘逸的形象背后，还有很多故事等待我们去发掘、去品味。

第一节　红粉佳人效戎装

任何艺术的发展都烙有时代的印迹，新的艺术形式往往在继承传统样式的同时，又有所突破和创新，而这种创新便是时代打上的烙印，这一点在服饰艺术的变迁上显得尤为突出。战争在中国古代对女子服饰发生过深远的影响，魏晋南北朝时期便是如此。长年累月的战争，不仅在人们的心中留下了创伤，也在爱美女性的服饰上留下了痕迹。在战争时期，戎装往往闪耀着奇异的色彩，甚至成为人们羡慕的对象，这就为戎装元素融入日常服饰，打下了必要的社会文化心理基础。在六朝女子服饰中，裲裆衫、袴褶、五兵佩等服装饰物，无疑都具有一定的戎装特色。

一、裲裆衫："内衣外穿"效军容

东晋干宝《搜神记》卷七：

> 至元康末，妇人出两裆，加乎交领之上，此内出外也。……晋之祸征也。[1]

两裆，也就是裲裆，有时也写作"两当"。交领，即交领上衣，此处应指六朝时期所流行的衫子。元康，为晋惠帝年号，元康末正值西晋末年，八王之乱已经严重动摇了西晋王朝的根基，而北方少数民族则趁机南下，最终导致晋室东迁。根据《搜神记》所载，西晋元康末年，女子上身的服饰发生了一个显著的变化，那就是"内出外"，即内衣外穿。此种穿着方式，即将本该内穿的裲裆加在交领衫子的外边，也就是六朝时期所流行的裲裆衫（图3-1）。严格说来，裲裆衫并非一种新的服装款式，而只是一种新的穿戴方法，或者说仅仅是一种穿着方式上的创新。这在今天其实屡见不鲜，比如有些女孩子的上身，外罩短小，而内衣长大；还有些女孩子，干脆将短裤穿在长裤的外边，等等。今人对此种奇异装束早已见怪不怪，而干宝却认为"裲裆衫"是西晋祸乱的一种征兆。唐人房玄龄等所著

---

[1] 上海古籍出版社编：《汉魏六朝笔记小说大观》，上海古籍出版社，1999年，334页。

图 3-1 南北朝妇女裲裆衫示意图（《中国织绣服饰全集·历代服饰卷上》）

《晋书》，将此条列入《五行志·服妖》，也认为它是西晋丧亡的征兆之一。《晋书》在引用《搜神记》关于裲裆衫的怪异穿着之后说：

> 干宝以为晋之祸征也。……至永嘉末，六宫才人流冗没于戎狄，内出外之应也。[1]

永嘉末年（313 年），西晋都城洛阳被王弥、刘曜等攻下，晋怀帝被俘，六宫女子流落于戎狄之手。唐人认为这正好应验了裲裆衫的"内出外"，即西晋王朝沦丧，内宫女眷被虏而出的状况。

---

[1]（唐）房玄龄等：《晋书》，中华书局，1974 年，823 页。

晋人干宝和唐代史家，都把裲裆衫看作"服妖"，或曰妖服，认为它是战乱的一种征兆。其实，任何社会局势的发展与变迁，都会出现各种表征，奇装异服也是其中之一。所谓奇装异服，无非就是一些违逆社会传统的着装方式，它们的出现，恰恰是时移世易、人心思变的一种表现，至于是否严重到能预示一场战乱的发生，那也不一定。不过，如果从另一个角度着眼，奇装异服的确可以作为一面镜子，来观察世态人心的变化；或者说，奇装异服本来就是社会生活风尚的一种体现。就裲裆衫而言，我们以为它是社会动荡与战争在女子服饰上留下的痕迹，即女性服饰对戎装的效仿。女子们将裲裆加于衫子之外的举动，其实并非什么突发奇想，而只是把将士们外穿裲裆铠、内穿上衣的戎装样式（图3-2），转化为女子的日常装束而已。女子们将戎装元素引入自己的日常服饰，可以看作是女性对戎装的一种特殊审美心理需求。

图 3-2 身着裲裆铠与衫子的拥剑仪门卫士（河南邓县南北朝画像砖墓门壁画）

　　要说明裲裆衫与戎装之间的关系，就必须先厘清衫子、裲裆、内衣外穿等基本问题。衫子是一种上衣，大约出现在汉魏之际。《说文》中没有"衫"字。汉末刘熙《释名·释衣服》曰："衫，芟也，芟末无袖端也。"[1] 扬雄《方言》卷四："或谓之禅襦。"东晋郭璞注："今或呼衫为禅襦。"[2] 可见衫与禅襦相近，都属于上衣，但二者又有所不同。汉代的禅襦，通常袖子中间宽大，袖端有收口，较中间窄小，称为祛，即袖端；袖端与肩中间下垂的部分呈弧形，称为袂（图 3-3）。照刘熙所言，芟除了袖端"祛"的禅襦就是衫，袖子没有了收口，祛袂合一、袖口广大、像一个喇叭筒（图 3-4）。

　　《说文》称："禅，衣不重。"[3] 又《释名·释衣服》云："有里曰複，无里曰禅。"[4] 禅和複都是就衣服而言，有衬里（夹层）的称为複，没有衬里的称为禅。禅襦，就是没有衬里的上衣。既然衫能够称为禅襦，可知衫子是一种没有夹层的单薄上衣。

　　《古诗为焦仲卿妻作》："朝成绣夹裙，晚成单罗衫。"[5]

　　《搜神记》卷十："吴选曹令史刘卓，病笃，梦见一人，以白越单衫与之，言曰：'汝着衫污，火烧便洁也。'卓觉，果有衫在侧，污辄火浣之。"[6]

――――

[1]（清）王先谦：《释名疏证补》，上海古籍出版社，1984 年，255 页。

[2] 周祖谟：《〈方言〉校笺》，中华书局，2011 年，26 页。

[3]（清）段玉裁：《说文解字注》，上海古籍出版社，1998 年，394 页。

[4]（清）王先谦：《释名疏证补》，上海古籍出版社，1984 年，255 页。

[5]（陈）徐陵编，（清）吴兆宜注，程琰删补，穆克宏点校：《玉台新咏笺注》，中华书局，2004 年，51 页。

[6] 上海古籍出版社编：《汉魏六朝笔记小说大观》，上海古籍出版社，1999 年，354 页。

图 3-3 汉代长襦中的袖、袂、袪（《中国织绣服饰全集·历代服饰卷上》）

图 3-4 南北朝时期对襟、直领女衫示意图（《中国织绣服饰全集·历代服饰卷上》）

夹即"袷",指有夹层的衣服,与"複"同义。绣夹裙,是指带绣花的複裙,也就是有衬里的绣花裙。在此,"绣夹裙"与"单罗衫"相对而言,前者为複,后者为禅,可知衫子是没有衬里的单薄上衣,故诗称之为"单罗衫"。《搜神记》提到了汉魏以降来自异域的火浣衫,脏了不用水洗,而是用火加以烧灼,随之便可洁净。这种神奇的衣物,今人对之已不甚了了。干宝在文中称之曰"白越单衫",可见它也是一种单层的上衣。

既然东晋人称衫子为禅襦,那么衫子的长度也应该与襦相仿。《说文》:"襦,短衣也。"段玉裁注云:"《急就篇》曰:'短衣曰襦,自膝以上。'按:襦若今袄之短者,袍若今袄之长者。"[1] 由是可知,汉代的襦属于短衣,长短大约应该在膝盖以上,是一种短小的绵衣。而衫子应该也是这样一种短衣。五代马缟《中华古今注》说:

> 衫子,自黄帝垂衣裳,而女人有尊一之义,故衣裳相连。始皇元年,诏宫人及近侍宫人,皆服衫子,亦曰半衣,盖取便于侍奉。[2]

衣裳相连,即为深衣之制,其下摆长至足跗,甚至曳地而行。就女子服饰而言,今天可以称之为连衣裙。马缟说衫子始于秦始皇元年,未必可信。但他说衫子"亦曰半衣",表明他所见的衫子只有深衣的一半长短,这和晋人所说禅襦的长度恰好吻合,足见衫子就是一种长不过膝的短上衣。这一点在六朝图像资料中,也不乏例证(图3-5)。

---

[1] (清)段玉裁:《说文解字注》,上海古籍出版社,1998年,394页。

[2]《文渊阁四库全书》(影印本),台湾商务印书馆,1986年,第850册,127页。

图 3-5 河南邓县出土南北朝画像砖中穿半长衫子的侍从

　　就衫子的材料而言，主要有纱、罗、縠、练、绢等，晋《东宫旧事》云："太子纳妃，有白縠、白纱、白绢衫。"[1] 从质地上讲，纱、罗、縠、练、绢都属于轻薄、柔软的丝织品，用它们制成的单衫，显然并不是为了保暖，更多考虑的是穿着时的舒适以及视觉上的审美需求，尤其后者。

　　谁家妖冶折花枝，衫长钏动任风吹。[2]（梁·刘孝威《东飞伯劳歌》）

[1]（唐）徐坚：《初学记》，中华书局，1962 年，631—632 页。

[2]（宋）郭茂倩：《乐府诗集》，中华书局，1998 年，978 页。

小衫飘雾縠，艳粉拂轻红。[1]（北齐·萧悫《临高台》）

刘孝威的《东飞伯劳歌》，描写的是风华正茂的少女攀折花枝的情景，皓腕伸出，素臂轻扬，胳膊上钏子滑动、光彩奕耀，衫子的衣襟和长袖被清风拂起，映衬着她绰约的身姿。风中飞舞的衫子，让折花少女显得灵动、妩媚，平添了几分楚楚动人之态。而在萧悫笔下，翩翩起舞的少女们身穿縠衫，舞袖飞举，轻飘的衫袖就如同薄薄的雾一般，萦绕着她们柔美、娇巧的身躯，宛若仙子下凡。因此就女子而言，轻薄透明、随风飞舞的衫子，无疑更加凸显了女性自身的柔情与魅力。尽管衫子并非女性的专有服饰，但它的质地，似乎更能体现女子的阴柔美。

根据《释名》记载，衫子的得名，似乎与袖子直接相关。因为衫的袖子芟去了收口（袪），所以称为衫（芟）。事实上也基本如此，六朝时期的衫和汉代以前的上衣相比较，确实袖端没有收口，而是呈敞开状。从图像资料来看，六朝时期衫子的袖长也不尽相同，有的长得几乎可以及地（图3-6），有的则要短小一些（参见图3-5）。因此，六朝时期的衫子虽多称大袖衫，但袖子的大小却不一而足，只是整体上显得袖口广大而已。

衫子有直领和交领之别。直领衫为两襟在胸前垂直而下，呈对襟之势，故可以称之为对襟直领衫（图3-7）。交领衫则两襟在胸前相互交叉，左襟压右襟向身体右侧掩者，称右衽，通常为中原人、南朝人所穿（图3-8）；右襟压左襟向身体左侧掩者，称左衽。左衽衫、右衽衫在北朝图像资料中都有发现（图3-9、3-10）。衫子本为魏晋中原汉人的装束，汉人着上衣的习惯是右衽。后北方少数民族南下，

---

[1]（宋）郭茂倩：《乐府诗集》，中华书局，1998年，260页。

图 3-6 龙门石窟宾阳中洞北魏《文昭皇后礼佛图》中所见大袖衫（宫万瑜《龙门石窟线描集》）

图 3-7 身着对襟直领衫的北魏贵族女子（河南洛阳龙门北魏皇甫公窟）　图 3-8 身穿右衽衫的洛水女神（顾恺之《洛神赋图》）

在文化上为汉民族所同化，服饰也趋于汉制，衫子亦在北方贵族间流行开来，但襟式上却有左有右，充分体现了其在汉化过程中的复杂心理。

裙开见玉趾，衫薄映凝肤。（梁·沈约《少年新婚为之咏》）[1]

回履裙香散，飘衫钏响传。（梁·刘孝仪《和咏舞诗》）[2]

[1]（陈）徐陵编，（清）吴兆宜注，程琰删补，穆克宏点校：《玉台新咏笺注》，中华书局，2004年，185页。
[2]（唐）徐坚：《初学记》，中华书局，1962年，383页。

（上）图 3-9 身着交领右衽衫的北魏
女俑（法国吉美国立东方美术馆藏）

（下）图 3-10 穿左衽衫的贵族女子
（南北朝宁懋石棺线刻画）

沈约用了一句"衫薄映凝肤",便将新娘子的妖娆、妩媚之态展现在读者脑海中,引起人的无限遐思。轻薄透明的衫子掩映着新娘凝脂一般的肌肤,随着她优雅的举止,衫子飘然浮动,令她娇美的腰身若隐若现,无意间给新娘子增加了几分温柔和婉约。"回履裾香散",即步履转动时,带着衫裙上的香气向四周弥漫。"飘衫钏响传",意谓衫袖随风飘起,带动臂上的钏子,悦耳的声音传入人的耳鼓。衫裙映衬下的六朝女子,就如芙蓉出水一般,摇曳生姿、灵动飘逸。

裲裆又称两当,既有属于军容的裲裆铠,又有日常生活中穿的裲裆衣。刘熙《释名·释衣服》曰:"裲裆,其一当胸,其一当背也。"[1]就形制而言,裲裆的样式应该是前后两片,一片挡在胸前,一片挡在背后,双肩及左右下襟各用带子系住。此种服装式样简单,制作方便,无论贫富贵贱、男女老幼都可以穿着。在甘肃嘉峪关魏晋六号墓出土的画像砖上,有两个童子就穿着这样的衣服,让我们

(左)图 3-11 身穿裲裆、手持弓箭的童子(甘肃嘉峪关魏晋六号墓出土画像砖)

(右)图 3-12 身穿裲裆的童子(甘肃嘉峪关魏晋六号墓出土画像砖)

---

[1](清)王先谦:《释名疏证补》,上海古籍出版社,1984 年,254 页。

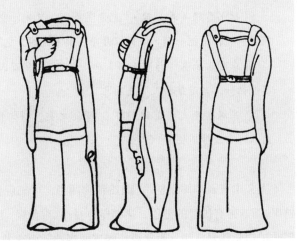

图 3-13 身穿丹韦裲裆铠的骑士　　图 3-14 武官俑所着裲裆铠正视、侧视、后视图
俑（山西太原北齐娄叡墓出土）　　（河北省吴桥北朝墓出土）

得以直观地看到裲裆的基本样式（图3-11、3-12）；这种童子穿的，当然属于日常
服饰。郑玄注《仪礼·乡射礼》"韦当"云："直心背之衣曰当，以丹韦为之。"[1] 韦，
即经过鞣制的皮革，俗称熟皮。根据郑玄的说法，以红色熟皮制作的韦当，一片
当心、一片当背，其实就是裲裆。这里所说的韦制裲裆，是在乡射礼上进行射
箭比赛时穿的，属于戎装，通常称为裲裆铠（图3-13、3-14）。

　　作为戎装的裲裆铠，一般用皮革制成。《太平御览》卷三百五十六：

---

[1]《汉魏古注十三经·仪礼》，中华书局，1998年，67页。

（魏）曹植《表》曰："先帝赐臣铠，黑光、明光各一具，两当铠一领，环锁铠一领，马铠一领。今世以升平，兵革无事，乞悉以付铠曹。"[1]

（东晋）庾翼《与燕王书》……又曰："邓百山昔送此犀皮两当铠一领，虽不能精好，复是异物，故复致之。"[2]

（东汉）李尤《铠铭》曰："甲铠之施，捍御锋矢。尚其坚刚，或用犀兕。内以存身，外不伤害。"[3]

上文中言及"两当铠"，既然铠称两当，可见应是胸前、后背各一片的那种铠甲，而非带有护臂的铠甲。裲裆铠体量小、重量轻，上阵挥臂斯杀也要方便许多，但防护功能就要差些。庾翼说"犀皮两当铠"，而李尤则说铠甲"或用犀兕"。"犀皮"即犀牛皮，"兕"是一种野牛，皮革厚实坚硬。由此可知优质的裲裆铠，其材质应是犀牛或野牛之类的皮革，这样的铠甲坚固耐用；至于一般的裲裆铠，也许就只能用各种普通的皮革了。

南北朝时期，还出现了铁制的裲裆。《乐府诗集》卷二十五《企喻歌辞》：

放马大泽中，草好马着膘。牌子铁裲裆，钜锌鹤尾条。

前行看后行，齐着铁裲裆。前头看后头，齐着铁钜锌。

---

[1]（宋）李昉：《太平御览》，中华书局，1998年，1636页。

[2]（宋）李昉：《太平御览》，中华书局，1998年，1636页。

[3]（宋）李昉：《太平御览》，中华书局，1998年，1636页。

男儿可怜虫，出门怀死忧。尸丧狭谷中，白骨无人收。[1]

　　钰铎，又称兜牟、兜鍪，即甲胄中的"胄"，也就是头盔。诗歌描写战士们首戴头盔、身穿铁质裲裆铠行军的场面。诗人感叹男儿生逢此时的不幸，哀叹将士们战死沙场的场景，就连尸骨可能都无人收拾。将士们身穿裲裆铠在战场上厮杀时，一般内穿小袖衣，目的是为了行动便利（图3-15）。魏晋以来由于士大夫们的喜爱，穿大袖衫子一时成为风尚，武将们也跟着穿起了衫子，于是裲裆衫的穿着方式也就流行起来（参见图3-2）。《太平御览》卷六百九十三：

（左）图3-15 北齐武士俑，身穿裲裆铠，内穿小袖上衣，下穿缚袴（美国堪萨斯市纳尔逊美术馆藏）

（右）图3-16 北魏文官俑，身穿丹韦裲裆，内穿大袖衫，下穿长裙（《六朝の美术》）

[1]（宋）郭茂倩：《乐府诗集》，中华书局，1998年，363页。

《齐书》曰：“阳休之除散骑常侍，监修起居注。顷之，坐事左迁骁骑将军，衣两裆。文宣郊天，百僚咸从。休之为骁骑将军，衣两裆，用手持白楛。时魏收为中书令，嘲之曰：‘义贞服采。’休之曰：‘我昔为常伯，首戴蝉冕。今处骁游，身被衫甲。允文允武，何必减卿？’谈笑晏然。”[1]

北齐阳休之先为散骑常侍，后因事降为骁骑将军，在文宣帝举行郊天典礼的时候身穿裲裆铠，因而受到中书令魏收的嘲笑。他自谓“身披衫甲”，能文能武，并不比魏收低一等。阳休之将“衫甲”并用，可知他当时穿的是衫子和裲裆铠，也就是属于戎装的裲裆衫。这种裲裆衫并非武将的专利，南北朝时期的文官们也时常身穿衫子、外加裲裆铠（图3-16）。衫子为六朝士大夫所爱，而裲裆铠则是军人的标志，两者合一，可谓一文一武在服饰上的巧妙结合。

与裲裆铠相对应的，是日常生活中穿的裲裆衣。《广雅·释器》曰：“裲裆谓之袏腹。”[2] 袏腹，又作帕腹，是一种贴身内衣。那么，帕腹和裲裆到底是什么关系呢？王先谦谓裲裆即“唐宋时之半背，今俗谓之背心。当背当心，亦两当之义也”[3]。这样的判断，大体还是符合事实的，关键在于其形制是前心、后背各有一裆（即一块布幅），这和今人所谓背心也是最为接近的。由此可见，二者都是内衣。《释名》谓：“帕腹，横帕其腹也。抱腹上下，有带，抱裹其腹上，无裆者也。……心衣，抱腹而施钩肩，钩肩之间施一裆，以奄心也。”[4] 帕腹也就是抱

[1]（宋）李昉：《太平御览》，中华书局，1998年，3095页。

[2]（清）王念孙：《广雅疏证》，中华书局，2004年，232页。

[3]（清）王先谦：《释名疏证补》，上海古籍出版社，1984年，254页。

[4]（清）王先谦：《释名疏证补》，上海古籍出版社，1984年，254页。

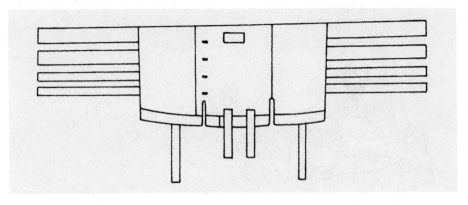

图 3-17 袙腹（黑龙江阿城巨源金墓）

腹，形制约为长条形，两端设有襻带，横裹在胸腹之上，以襻带相系，主要为女子的胸腹之衣（图3-17）。心衣即肚兜，主体为一裆，上施钩肩挂于脖颈之上，中间有带系在腰上，主要是女子和儿童的贴身衣，男子当然也可以穿（图3-18、3-19、3-20）。这样看来，裲裆、帕腹、心衣虽同属内衣，但形制还是有区别的。关于三者的形制及穿着方式，我们还可以从梁人王筠《行路难》中，略窥一斑：

　　千门皆闭夜何央，百忧俱集断人肠。探揣箱中取刀尺，拂拭机上断流黄。情人逐情虽可恨，复畏边远乏衣裳。已缲一茧催衣缕，复捣百和薰衣香。犹忆去时腰大小，不知今日身短长。裲裆双心共一袜，袙腹两边作八撮。襻带虽安不忍缝，开孔裁穿犹未达。胸前却月两相连，本照君心不照天。愿君分明得此意，勿复流荡不如先。含悲含怨判不死，封情忍思待明年。[1]

[1]（宋）郭茂倩：《乐府诗集》，中华书局，1998年，1004页。

图 3-18 穿心衣的北朝士人（杨子华《北齐校书图》）

图 3-19 清代依然流行的肚兜样式，与六朝时并没有很大变化（周汛、高春明《中国历代妇女妆饰》）

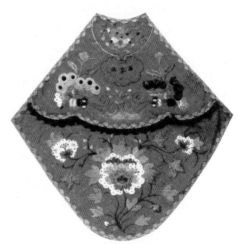

图 3-20 清代肚兜实物图（黄强《中国内衣史》）

从内容看，这是一首闺中女子写给远游荡子的诗。女主人虽埋怨荡子薄情，但又担心他身处边远没有衣裳穿，于是收拾刀尺、整理织机，又缫丝来又捣香，准备给爱人做衣服。她做的衣服中就有贴身的裲裆、心衣和袙腹，以示两人虽然远隔千万里，但依旧心心相印、两情相悦。袜（音末），即袜肚，也就是肚兜、心衣。刘缓《敬酬刘长史咏名士悦倾城》："钗长逐鬘发，袜小称腰身。"吴兆宜注云："袜为女人胁衣。崔豹《古今注》谓之腰彩，今吴人谓之袜胸。"[1] 袜胸，也就是抹胸、心衣、肚兜，通常是女子的贴身小衣。但从王筠的诗来看，女主人似乎也为心上人做了袜肚，大概这可以算作儿女间私相授受之衣吧？

"裲裆双心共一袜"，意思是说，裲裆衣虽然前后有两片，但穿在身上时，中间却共拥一个肚兜，意谓二人相连、同心同意。这句诗同时也告诉我们，心衣和裲裆的穿着方式是，心衣贴身，而裲裆则着于心衣之外，都属内衣。"袙腹两边作八撮"，撮即襈，也就是衣褶、衣缝，是说袙腹两边共有八道衣褶，每边各四道。这八道衣褶应该是由缝制在衣上的襻带造成的。下文接着说"襻带虽安不忍缝，开孔裁穿犹未达"，即是为袙腹添制襻带、挖扣眼（或曰纽鼻）。黑龙江巨源金墓出土的一方袙腹（参见图3-17），和王筠诗中所描绘的样式十分吻合，不仅每边各有四条襻带，还有四个纽鼻；穿着时横裹于胸腹，折向背后，右边四条襻带绕过身后、穿过纽鼻，与左侧四条襻带相结系于右腋之下。王筠的诗，让我们在一千多年以后，依然可以大概了解裲裆、袙腹和心衣的基本样貌。

裲裆虽然是内衣，但在爱美女性的眼里，即便内衣也是要着意修饰的，尤其是给心上人缝制的小衣。这一点，恰恰体现了闺房之私的情趣与奥妙，和女性

---

[1] （陈）徐陵编，（清）吴兆宜注，程琰删补，穆克宏点校：《玉台新咏笺注》，中华书局，2004年，345—346页。

对二人世界的精心诠释。南北朝时期的裲裆衣有绣花的，还有用织锦做成的。

裲裆与郎着，反绣持贮里。汗污莫溅浣，持许相存在。(《上声歌八首》之一)[1]

独柯不成树，独树不成林。念郎锦裲裆，恒长不忘心。(《紫骝马歌》) [2]

《紫骝马歌》提到了锦裲裆，寓意二人同心，永不相忘。《上声歌八首》之一的女主人则更加细心，她给爱人做的绣花裲裆衣，将花绣在了里边，让它紧贴着爱人的心，寓意自己和爱人心贴心；她还意味深长地告诉爱人，即便裲裆衣被汗水沾污了，也不要轻易浣洗，就让汗污留在上面好了，这样两人就可以永远不分开了。

对于成年女性来说，裲裆衣本应内穿，自然是不能轻易示人的。就此而言，女性们将裲裆衣加在衫子之上，创立了女子裲裆衫的着装样式，确实是一个大胆而新奇的创意。但如果换一个视角，就戎装中的裲裆铠本就外穿以及军容裲裆衫的出现而言，女子裲裆衫无非是对戎装的一种借用与效仿。河南邓县出土的南北朝画像砖，其中左侧两名贵族女子就穿着这种裲裆衫 (图 3-21)。《中国织绣服饰全集·历代服饰卷上》绘有裲裆衫示意图，将它和画像砖上的图例相比较，二者还是有很大出入的 (参见图 3-1)。综合历史文献所述，我们认为，画像砖上的裲裆衫，一是指大袖衫子，二是指束腰上下、从肩至臀的那部分无袖的外穿罩衣；两者合一，即为裲裆衫 (参见图 3-21 左二女装)。裲裆衫在南北朝时期十分流

---

[1] （宋）郭茂倩：《乐府诗集》，中华书局，1998 年，656 页。

[2] （宋）郭茂倩：《乐府诗集》，中华书局，1998 年，366 页。

图 3-21 身着裲裆衫的贵族女子（左一和左二，河南邓县出土南北朝画像砖）

行，男女都有穿着。

新衫绣两裆，迮着罗裙里。行步动微尘，罗裙随风起。（《上声歌八首》之一）[1]

琅琊复琅琊，琅琊大道王。阳春二三月，单衫绣裲裆。（《琅琊王歌辞》）[2]

虏初纵突骑，众军患之，安都怒甚，乃脱兜鍪，解所带铠，唯着绛衲两当衫，马亦去具装，驰奔以入贼阵，猛气咆嘮，所向无前，当其锋者，无不应刃而倒。[3]

[1]（宋）郭茂倩：《乐府诗集》，中华书局，1998 年，656 页。

[2]（宋）郭茂倩：《乐府诗集》，中华书局，1998 年，364 页。

[3]（梁）沈约：《宋书》，中华书局，2006 年，1984 页。

　　《上声歌八首》之一描写的是在春光明媚的日子里，一个年轻女性身着裲裆衫匆忙外出的情景。女主人身穿新做的衫子、外加绣花裲裆衣，仓促间将裲裆扎在了罗裙里边。结合河南邓县画像砖所见，我们推测女子穿裲裆衫时，衫子的下摆应该是放在裙子里边，裲裆作为罩衣则出于裙外，而后于胸腹之间偏上的位置加绅带以束腰。这种外穿的裲裆衣，应该经过了一定的加工和改造，以适应其作为罩衣的特点。六朝时期的男子也穿这种裲裆衫，琅琊王在阳春二三月穿的"单衫绣裲裆"中的裲裆，显然不是裲裆铠，而是绣花的裲裆衣。作为日常生活便装的裲裆衫，军人作战时也有穿着的，比如《宋书》提到的战将薛安都。薛安都在和北魏作战时，为了振作士气，居然脱掉身穿的头盔和铠甲，只穿着绛衲裲裆衫，咆哮着闯入敌阵，左冲右突，无人可以阻挡。绛，为深红色；用碎布块儿缝合、连缀，叫做衲。

　　《宋起居注》曰："太始二年，御史丞羊希奏山阴令谢沆亲忧未除，常着青绛衲两裆，请免沆前所居官也。"[1]

　　此中所言"青绛衲两裆"，和薛安都所穿的绛衲裲裆，应该是一种由布块拼合而成的裲裆衣，目的大概是为了效仿铠甲的效果，但实则是一种日常服饰而非戎装。由是可知，衲裲裆也是当时流行的一种裲裆衣式样。谢沆的父母去世了，服丧期未过就常常穿青绛衲裲裆，违背了丧服礼，自然会受到御史大夫的弹劾。而薛安都穿着作为常服的裲裆衫作战，则更显其英勇无畏。

　　——————

[1]（宋）李昉：《太平御览》，中华书局，1998 年，3095 页。

那么，女性穿裲裆衫到底是什么时候开始的呢？干宝说是在西晋元康末年，这多少带有一定的政治色彩，不一定就准确。至少有一点我们可以推断，那就是连干宝本人，恐怕也不确定女子裲裆衫出现的准确时间。因为《搜神记》中的另一条资料，和他所称"元康末"是矛盾的：

　　颍川钟繇，字元常，尝数月不朝会，意性异常。或问其故，云："常有好妇来，美丽非凡。"问者曰："必是鬼物，可杀之。"妇人后往，不即前，止户外。繇问："何以？"曰："公有相杀意。"繇曰："无此。"勤勤呼之，乃入。繇意恨，有不忍之，然犹斫之，伤髀。妇人即出，以新绵拭，血竟路。明日，使人寻迹之。至一大家，木中有好妇人，形体如生人，着白练衫，丹绣裲裆。伤左髀，以裲裆中绵拭血。[1]

　　以上故事虽属于志怪、传说类，不能作为正史资料，但它也告诉我们，在故事传说者的心目中，汉魏士大夫、著名书法家钟繇，就曾经遇到过身穿"白练衫、丹绣裲裆"的美丽女子。尽管这女子可称为鬼魅，但裲裆衫已经出现在她的身上了，而且她穿的还是绵裲裆，属于冬衣。干宝为东晋人，他自己应该已经亲眼目睹女子着裲裆衫的风采，因此我们大体可以说，女性裲裆衫应出现在魏晋之际，而流行于南北朝，并成为当时的一种社会风尚。

[1] 上海古籍出版社编：《汉魏六朝笔记小说大观》，上海古籍出版社，1999年，407页。

二、袴褶服：女子也"戎装"

北朝民歌《木兰诗》二首之一：

木兰代父去，秣马备戎行。易却纨绮裳，洗却铅粉妆。驰马赴军幕，慷慨携干将。[1]

说到南北朝女子穿戎装，那就要数北朝民歌中的花木兰了。《乐府诗集》卷二十五录有两首《木兰诗》，分别描述了花木兰女扮男装、代父从军的事迹，故事大同小异。花木兰既然从军，那么就要和男子一样穿戎装行军、作战。诗中说木兰秣马厉兵、制办从军用具，"易却纨绮裳，洗却铅粉妆"，意思是说她卸去平时的铅粉女妆，脱掉女孩子穿的纨绮裙裳，换上戎装准备出发。南北朝时期，男子戎装大体为袴褶制，一般为上褶下袴（即上衣下裤），而后外面套装甲胄以防身（图3-22）。花木兰的装束应该也是如此[2]，只有这样才能不被同行者所发觉。

袴褶制原本是北方少数民族的骑射之服，目的是为了行动方便、敏捷。而中原地区的上衣下裳之制，则不便于骑马射箭，所以在战国时期以前，中原地区的战争多为车战，而少骑射。可以说，赵武灵王的胡服骑射将北方少数民族的骑射之服，首次正式引进中原战场，并逐渐改造为一种正规戎装。袴褶制，大约即从

[1]（宋）郭茂倩：《乐府诗集》，中华书局，1998年，374页。

[2] 关于花木兰戎装与常服的情况，可以参照南北朝时期戎装与女子服饰的具体样貌，但这些也只是推测。详情可参考宋丙玲：《花木兰的着装——北魏女性服装的图像学研究》，《艺术设计研究》2010年第2期，43—48页。

图 3-22 南北朝时期的戎装，上
穿窄袖褶、下穿缚裤，外披甲胄
（《中国织绣服饰全集·历代服饰
卷上》）

胡服骑射演化而来。[1] 晋宋以降，南北朝都保留并发展了此种服制，尤其在南朝，
袴褶制作为戎装，上至天子，下至百官、兵士，都可以穿着。

> 袴褶之制，未详所起，近世凡车驾亲戎、中外戒严服之。服无定色……（《晋
> 书·舆服志》）[2]

---

[1] 王国维《胡服考》云："胡服之入中国始于赵武灵王。其制，冠则惠文；其带具带；其履靴；其服，
　　上褶下袴。"（《观堂集林》，中华书局，1994 年，1069—1074 页。）观堂先生以为，赵武灵王胡服骑射，
　　其所服戎装即为上褶下袴。但"袴褶"一词首见于魏晋时期，概此前虽有上衣下裤的着装方式，却未
　　形成定制。袴、褶二字合成一词，意味着魏晋时期"袴褶制"已获得了较为普遍的认可，这从出土文
　　物和历史文献两个方面，都可以获得足够的材料支撑。
[2] （唐）房玄龄等：《晋书》，中华书局，1974 年，772 页。

（杨）济字文通，历位镇南、征北将军，迁太子太傅。济有才艺，尝从武帝校猎北芒下，与侍中王济俱着布袴褶，骑马执角弓在辇前。(《晋书·杨济传》)[1]

上以行北诸戍士卒多褴褛，送袴褶三千具，令奂分赋之。(《南齐书·王奂传》) [2]

车驾亲戎，是指天子乘车驾亲自参与军事活动，包括亲身临战、校阅部队、行围打猎等；中外戒严，是指因发生紧急状况而实行于朝廷内外的军事管制，同样属于军事行为。在这两种情况下，天子可以着袴褶服，以示和将士们上下一心、同仇敌忾。至于官员，像太傅杨济、侍中王济这样的朝中元老、重臣，在陪晋武帝司马炎在北邙山下检阅军队并行猎时，也身着袴褶、骑马弯弓在御辇左右护驾，可见其为能文能武的将佐之才。至于一般随行官员，在皇帝出巡时，也要穿袴褶，目的是为了方便行事。作为普通士卒，征战之服自然也少不了袴褶，所以当南齐武帝萧赜看到北征的士卒大多衣衫褴褛之时，便送去三千套袴褶服，命镇北将军王奂分发给士兵。

袴褶服虽为戎装，但随着时代的发展，南北朝官吏士庶乃至皇帝，也时常把它当作常服来使用。

拜爱姬潘氏为贵妃，乘卧舆，帝骑马从后。着织成袴褶，金薄帽，执七宝缚矟，

---

[1]（唐）房玄龄等：《晋书》，中华书局，1974 年，1181 页。

[2]（梁）萧子显：《南齐书》，中华书局，2007 年，849 页。

戎服急装，不变寒暑，陵冒雨雪，不避坑阱。(《南齐书·东昏侯纪》)^[1]

（帝）常着小袴褶，未尝服衣冠。(《宋书·后废帝纪》)^[2]

（叟）每至贵胜之门，恒乘一牸牛，敝韦袴褶而已。……于（高）允馆见中书侍郎赵郡李璨，璨被服华靡，叟贫老衣褐，璨颇忽之。叟谓之曰："老子今若相许，脱体上袴褶衣帽，君欲作何计也？"讥其惟假盛服。璨惕然失色。(《魏书·胡叟传》)^[3]

　　南齐皇帝东昏侯行为乖张，平时即喜欢着戎装，骑马驰骋，寒暑不变。他拜爱姬潘氏为贵妃的时候，竟然让她乘坐卧舆前行，而自己则身穿袴褶，手持宝梢，骑着马跟在后面做随从。而宋后废帝刘昱也喜欢穿袴褶，不着南朝衣冠。像此种情况，袴褶服便不再是戎装，而近于常服了。在北朝，袴褶更是常常为士庶所用常服。北魏胡叟虽为贤达士人，却不喜为官、不置产业，所以家贫如洗，即便与权贵交接，也只穿一身破旧的皮袴褶。一次，他在高允家碰到中书侍郎李璨，李璨衣着光鲜，见他衣服破旧，便对他很怠慢。胡叟心中不悦，便说："假如老子乐意，脱了身上的袴褶、衣帽，你觉得怎么样？"意谓李璨只是衣帽华丽，但没有真才实学，凭此骄人，实为可恶。由此可知，北魏士人在日常生活中还是常常穿袴褶的。

　　南北朝时期，袴褶已经逐渐成为男子的一种常服（图3-23），这可以说是戎装

---

[1]（梁）萧子显：《南齐书》，中华书局，2007年，103页。

[2]（梁）沈约：《宋书》，中华书局，2006年，189页。

[3]（北齐）魏收：《魏书》，中华书局，2003年，1151页。

图 3-23 身穿袴褶的北朝男子（海外藏传世实物《中国织绣服饰全集・历代服饰卷上》）

图 3-24 穿袴褶的侍女（南朝《斫琴图》）

图 3-25 女俑，上穿大袖衫，下穿大口缚袴（山西太原圹坡张肃俗墓）

的日常化。如果说花木兰女着戎装、身穿袴褶是一个特例，那么日常化后的袴褶出现在六朝女子身上，也就较为普遍了（图3-24）。

《世说新语》曰："武帝尝降王武子家，武子供馔，并不用盘，悉用琉璃器。婢子百余人，皆绫罗袴褶，以手擘饮食。"[1]

陆翙《邺中记》曰："皇后出，女骑一千为卤簿，冬月皆着紫纶巾、熟锦袴褶。"[2]

王武子即王济，太原晋阳人，晋阳就在今天的山西太原附近。武帝司马炎曾经到王武子家做客，武子动用了家里的上百名婢女，手持稀有的玻璃器皿供给饮食，而且婢女们个个身穿绫罗袴褶，以示其富贵与豪奢。今本《世说新语》所言与此大同小异，唯"袴褶"作"绮襦"。绔与袴通，二者含义基本相同。"襦"音洛，《宋本玉篇》："襦，力贺切，女人上衣也。"[3] 据此而言，绮襦乃属于上衣下袴的装束，亦即袴褶制，和《太平御览》所引在意义上是一致的。王济祖居晋阳，这一带自两汉以来已有大批胡人涌入，至西晋末年已经呈现匈奴、鲜卑等少数民族与汉人杂居的局面。袴褶制来自胡人，而王武子家的婢女们身穿绫罗袴褶，很可能是受到了当时少数民族服饰的影响。在山西太原圹坡北齐张肃俗墓出土的陶俑中，我们就可以看到头梳双髻、身穿大口袴褶服的彩绘女侍俑（图3-25），或可作为王武子家婢女形象的一个参照。

---

[1]（宋）李昉：《太平御览》，中华书局，1998年，2168页。

[2]（宋）李昉：《太平御览》，中华书局，1998年，3067页。

[3]《宋本玉篇》（据张氏泽存堂本影印），中国书店，1983年，505页。

（左）图 3-26 身穿绵袴褶的女侍俑（河南偃师前杜楼村北魏石棺墓）

（中）图 3-27 身穿紧身袴褶女俑（河南焦作化电集团西晋墓）

（右）图 3-28 身着袴褶的女舞俑（河南偃师杏园村北魏染华墓）

卤簿，是指中国古代帝王、后妃、太子及王公大臣等出行时的仪仗队。《邺中记》载后赵之时，石虎用一千女骑士作为皇后出行时的仪仗队，在冬季，女骑士们都身穿熟锦袴褶，头戴紫纶巾。这里的袴褶，显然是作为仪仗队礼服来使用的，这和皇帝车驾戎行时侍臣与其他随行人员的袴褶，在性质上是一致的。既然是冬季出行，那么衣裤应该是绵（棉）的，以便抵挡风寒。而且作为仪仗队的礼服，从形制到布料、花色，自然是华丽非凡。今天我们已经无从得知其具体细节与样貌，但作为常服，我们还是可以从出土资料上，获得一些关于冬季袴褶的信息。

河南偃师前杜楼村北魏石棺墓出土三件身着绵袴褶的女侍俑，其中标本 M1:35："头梳箕形髻，上穿毛领短袖袄，内穿圆领宽袖橘红上衣，下着裤，胸束蓝彩宽带，结挽于胸前，胸左侧似有佩饰，赤膊，臂残缺……"[1]（图 3-26）此俑上穿毛

---

[1] 洛阳市第二文物工作队：《偃师前杜楼北魏石棺墓发掘简报》，《文物》2006 年第 12 期，40 页。

领短袖袄，内衬圆领宽袖橘红上衣，下穿大口缚袴，看上去雍容典雅，只有官宦、富贵人家的婢女，才可能穿得起这样的绵袴褶。而石虎皇后的女骑士们所着熟锦袴褶，或属于此类。另，河南焦作化电集团西晋墓出土女俑两件："头戴巾，长脸，尖下颏，内着紧身衣，外穿右衽交领窄袖短袄，腰束带，腰间丝带垂于腿外侧，两手交叉于袖内，置于腹部，下穿窄裤，裤口紧扎，脚穿鞋。"[1]（图3-27）发掘简报没有说明女俑的身份。从图像资料看，似应属于下层劳动阶层妇女，其所穿上衣（短袄）和下裤均为紧身、小口，在北方寒冷的冬季，这样的服装对于劳动者来说，依然可以满足便捷之需。

《后魏书》："方舞四人，假髻，玉支钗，紫丝布褶，白大口袴，五彩接袖，乌皮靴。"[2]

《西河记》曰："西河无蚕桑，妇女着碧缬裙，上加细布裳。且为戎狄性，着紫缬襦袴，以外国色锦为袴褶。"[3]

除了普通婢女，舞女也有着袴褶的。《后魏书》记载，北魏初年有一种方舞，四人一组，舞女头戴假髻、玉支钗，上穿紫色丝布褶，下穿白色大口绔，脚蹬乌皮靴。河南偃师杏元村北魏染华墓出土女舞俑一尊，即身穿袴褶服（图3-28）。发掘简报说："女俑。头梳双髻。着圆领宽袖衫，袖拢于肩，褶皱清晰。腰束博带。

---

[1] 焦作市文物工作队：《河南焦作化电集团西晋墓发掘简报》，《中原文物》2012年第1期，7页。

[2]（宋）李昉：《太平御览》，中华书局，1998年，2571页。

[3]（宋）李昉：《太平御览》，中华书局，1998年，3618页。

缚裤。"[1] 该俑上衫下裤，也是当时较为常见的一种袴褶搭配方式。

　　《西河记》为东晋喻归所撰，记述当时西河地区的社会风情。西河即今山西省吕梁市离石一带，西晋时期在此设置西河国，北魏时期为西河郡，治所就在离石。魏晋以来，北方少数民族已经南下移居此地。到南北朝时期，北魏西河郡北部为羌胡所得，仅余晋西地区，可知当地民俗已深受胡风影响。喻归说西河人为戎狄性，应该是符合历史事实的。按他的说法，西河人没有自己的桑蚕业，用的布料多来自异域。妇女们通常身着碧缬裙，即青绿染织印花的裙子，外加细布裳。另外一种常服与胡服相近，上襦下裤，均为紫色染织印花布料所做，她们还时常穿着用外国异色锦制成的袴褶。从裙裳与袴褶并用这一点看，西河妇女的服装已经胡汉一体，彼此融通了。受少数民族服饰文化影响，西河妇女穿袴褶已经是一种日常化的行为。从喻归的语气不难猜测，贵族妇女们恐怕也卷入到了这场服饰文化变迁的潮流中。

　　关于袴褶的形制，王国维《胡服考》[2] 与沈从文《北朝景县封氏墓着袴褶俑》[3] 均认为上褶下袴（上衣下裤），是和上襦下裙相对而言的。学界基本认同此种观点，唯五代马缟《中华古今注》和《急就篇》注似有不同观点。

　　《中华古今注》释"袴"云：

　　　　盖古之裳也。周武王以布为之，名曰褶。敬王以缯为之，名曰袴，但不缝

---

[1] 偃师商城博物馆：《河南偃师两座北魏墓发掘简报》，《考古》1993 年第 5 期，417 页。

[2] 参见《观堂集林》，中华书局，1994 年，1069 页。

[3] 参见《中国古代服饰研究》，上海世纪出版集团，2005 年，219 页。

口而已，庶人衣服也。……今太常二人，服紫绢袴褶，绯衣，执永籥以舞之。[1]

《急就篇》颜师古注云：

> 黄氏曰："褶，音习，袴也。"[2]

马缟认为袴即古代的裳，周武王时称褶，周敬王时称袴，不知他有什么依据。在中国古代，袴、裤、绔三字的含义虽有差异，但均指下身之服，是套在腿上的装束。既然"袴"可以称作"褶"，说明褶也是下身的装束，那么"袴褶"连用也就指的是裤子；马缟下文将"紫绢袴褶"与"绯衣"对言，就说明了这一点。黄氏即北宋诗人、书法家黄庭坚，他也认为"褶"就是袴。马缟是五代人，袴褶在当时还在使用，而黄庭坚距五代尚不远，二人的说法似有一定依据。

> 劭左右引淑等袴褶，又就主衣取锦，截三尺为一段，又中破，分赋、淑及左右，使以缚袴。（《宋书·袁淑传》）[3]

> 劭因起，赐淑等袴褶，又就主衣取锦，截三尺为一段，又中裂之，分赋与淑及左右，使以缚袴褶。（《南史·袁淑传》）[4]

---

[1]《文渊阁四库全书》（影印本），台湾商务印书馆，1986年，第850册，130页。

[2]（汉）史游：《急就篇》，岳麓书社，1989年，144页。

[3]（梁）沈约：《宋书》，中华书局，2006年，1840页。

[4]（唐）李延寿：《南史》，中华书局，2003年，699页。

（左）图 3-29 女俑，上穿大袖衫，下穿大口缚袴（河南偃师杏园村北魏染华墓）

（右）图 3-30 左衽文官俑、右衽女官俑（河北景县封氏墓）

　　以上两段文字记述南朝宋时太子刘劭叛乱，曾强迫袁淑等人和他一起谋事，并分发袴褶给众人，准备发动兵变。因汉化后袴褶的裤管十分肥大，为了行动方便常常用带子系扎起来，史称大口缚袴（图 3-29），刘劭命人将织锦撕成布条就是用来绑裤腿的。梁人沈约等作《宋书》说"使以缚袴"，是切中要害；而唐人李延寿等所著《南史》则称"使以缚袴褶"，此处"袴褶"则主要是指袴。大约到了隋唐之际，有时人们虽称"袴褶"，但内含则仅仅是指袴而言。唐魏徵等著《隋书·礼仪七》有相似的文句：

　　　　侍从则平巾帻，紫衫，大口袴褶，金玳瑁装两裆甲。……侍从则平巾帻，紫衫，大口袴，金装两裆甲。……侍从则平巾帻，绛衫，大口袴褶，银装两裆甲。[1]

―――――

[1]（唐）魏徵等：《隋书》，中华书局，2000 年，259—260 页。

上文中间一句，以"衫"和"大口袴"相对，前后两句则以"衫"和"大口袴褶"相对。衫子既然是大袖口上衣，那么"大口袴褶"就只能是指"大口袴"，即下身的裤子。以"袴褶"称裤子，可能在唐代只是一种习惯性用法。但就袴褶制而言，从南北朝至隋唐，还是指一种上衣下裤的着装方式。

《北疆记》曰："庐主南郊，着皇斑褶、绣袴。"[1]

其乘舆黑介帻之服，紫罗褶，南布袴，玉梁带，紫丝鞋，长靿靴。(《隋书·礼仪七》)[2]

《北疆记》说"皇斑褶、绣袴"，而《隋书》则称"紫罗褶，南布袴"，二者都将褶和袴作为两种不同的服饰分而言之，可见"袴褶"作为一种服制，就是指上褶下袴，而非单指下袴。

褶，古又称袭，是一种上衣。刘熙《释名·释衣服》："褶，袭也。覆上之言也。"[3]意谓在汉魏之际，褶是一种罩于上身的衣服。《说文》："袭，左衽袍。"[4]先秦时期，中原人着衣皆右衽，即上衣左襟长、右襟短，穿在身上时为左襟掩右襟；但去世的人则着左衽，以示与生人之别，同时也是礼乐文化的要求。北方少数民族不受礼乐文化约束，所以也着左衽；直至南北朝时期，北方少数民族统治地区依然保

---

[1]（宋）李昉：《太平御览》，中华书局，1998年，3104页。

[2]（唐）魏徵等：《隋书》，中华书局，2000年，267页。

[3]（清）王先谦：《释名疏证补》，上海古籍出版社，1984年，252页。

[4]（清）段玉裁：《说文解字注》，上海古籍出版社，1998年，391页。

留着左衽的风俗（图3-30）。随着北方少数民族的南迁，袴褶制也逐渐进入中原地区。当身着左衽上衣、下穿长裤的着装样式最初进入中原文化视野时，中原人的自我优越感必然作怪，而戏称之为"袴褶（音袭）"，也就很自然了。

褶在古文中有三种读法：一音"者"，是指衣服上的褶皱；二音"袭"，即左衽上衣；三音"叠"，是指夹衣。《礼记·玉藻》："缊为袍，禅为䌹，帛为褶。"郑玄注"褶"云："有表里而无着。"[1] 唐陆德明《经典释文》："（褶）音牒，夹也。"[2] 汉郑玄认为，"褶"是有表面和衬里而没有棉絮的上衣；这种上衣就是夹衣，陆德明读作"牒"（音叠）。又《宋本玉篇》："褶，徒颊切，衣有表里而无絮也。又似力切，袴褶也。"[3] 明确将作为夹衣的"褶"读作"叠"，而"袴褶"中的"褶"读作"袭"。可知在唐宋人的心目中，"褶"作为夹衣应读"叠"。而"袴褶"中的"褶"有单衣、夹衣，还有绵衣，故读作泛称的"袭"更为合适，《宋本玉篇》也是这种看法。

六朝时期，戎装包括了袴褶以及罩之于外的甲胄，因此袴褶可以看作戎装中的便服，而甲胄则是作战服。女子日常所穿的袴褶，应是从戎装中的便服演化而来。其形制为上褶下袴，即上衣下裤的着装样式。从图片资料可以发现，上褶包括单衣（衫子）、夹衣（左衽袍）和绵衣（袄）等；袖子有宽有窄，还有大袖小袖之别；长度有的在腰际、有的在膝盖上下，但都明显露出裤管。下袴的裤管有窄有宽，裤口有大有小，还有的用布带将膝盖部位捆住，称为缚袴。从地域上看，女子着袴褶主要分布在黄河以北，这里是北方少数民族南下和定居的首要之地，

[1]《汉魏古注十三经·礼记》，中华书局，1998年，109页。

[2]（唐）陆德明：《经典释文》，中华书局，2006年，405页。

[3]《宋本玉篇》（据张氏泽存堂本影印），中国书店，1983年，505页。

故女子服饰受胡风的影响比较大，要远远超过南朝地区。

三、佳人佩"五兵"

戎装在六朝女子服饰上的另一个体现，是她们身上的佩饰。唐房玄龄等所著《晋书·五行志（上）》载：

> 惠帝元康中，妇人之饰有五兵佩，又以金银玳瑁之属，为斧钺戈戟，以当笄。干宝以为"男女之别，国之大节，故服物异等，贽币不同。今妇人而以兵器为饰，此妇人妖之甚者。于是遂有贾后之事"。终亡天下。[1]

唐人的这段话，显然来自东晋干宝的记述，只是在文字上略有不同。干宝《搜神记》卷七：

> 晋惠帝元康中，妇人之饰有五佩兵。又以金、银、象角、玳瑁之属，为斧、钺、戈、戟而载之，以当笄。男女之别，国之大节，故服食异等。今妇人而以兵器为饰，盖妖之甚者也。于是遂有贾后之事。[2]

干宝所云"五佩兵"亦即《晋书》中的"五兵佩"，是一种模拟兵器式样的佩饰。按干宝所述，五兵佩出现在西晋惠帝元康时期，也就是皇后贾南风擅权专政导致

---

[1]（唐）房玄龄等：《晋书》，中华书局，1974年，824页。
[2] 上海古籍出版社编：《汉魏六朝笔记小说大观》，上海古籍出版社，1999年，337页。

图 3-31 悬挂五兵的金链
（内蒙古达茂旗西河子乡窖藏）

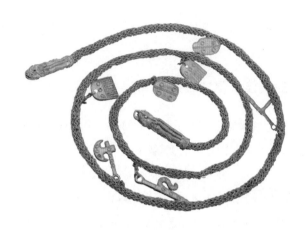

"八王之乱"的时候，和上文裲裆衫一样都被看作妖异的服饰。同时出现的妖异饰物，还有用金银、象角（象牙）、玳瑁（龟壳）等制作的异形发笄，其形状模仿斧、钺、戈、戟等兵器样式。干宝认为，妇人佩戴兵器是一种不祥之兆，意味着女人专政，将导致天下兵戈之祸，是贾后乱国、西晋丧亡的征兆。唐人著《晋书》也征引此事，以警告后人引以为戒。

1981 年，内蒙古乌兰察布盟达茂旗（现属包头市）西河子乡发掘一处南北朝窖藏，出土金链一条，上面装饰着两枚梳子和五枚兵器的模型（图 3-31）。金链上的兵器包括两枚盾牌、两支戟和一把钺，这与"五兵佩"十分吻合。孙机先生认为此即五兵佩，应该是一条项链，它和古印度纪元前后佛教造像中的项饰十分相似；尤其在古印度项饰上还缀有剑、戟、斧钺、盾牌、战轮等模型，因此，二者应具有一定的承继关系。[1] 这种观点是值得我们尊重的。但古印度项饰传入中

---

[1] 孙机:《五兵佩》,《中国圣火——中国古文物与东西文化交流中的若干问题》, 辽宁教育出版社, 1996 年, 107—119 页。

国，并在一定程度上得以流行，恐怕还是和中国本土的战争拥有密切关系。这种带有异域风情的项饰，很可能是由北方少数民族带入中原的，因为他们对金饰本来就情有独钟，而且更容易接受佛教的影响，并佩戴这种带有佛教色彩的饰物。六朝女子的神经长年被战争所挑动，兵饰对于她们来说已经习以为常，甚至成了一种时尚，她们能接受五兵佩也就不奇怪了。只是在印度佛教中，斧、钺、剑、戟乃护法之物，戴在身上如同护身符；而在中原儒家正统文化中，刀兵则是不祥之物，所以妇人佩五兵，也就会招来非议，尤其处在南北朝这样社会动荡的时期，士大夫们的神经是格外敏感的。

除了五兵佩，在近些年的六朝出土文物中，还发现了带有兵器形状的发簪，这和干宝的说法也是一致的。在南京象山东晋墓中，出土了一支金簪（图 3-32），发掘简报说："金簪 1 件（M9∶10）。一端有卷云形饰，通长 19 厘米。"[1] 从图片资料看，"卷云形饰"其实是一只钺，而这座墓是东晋振威将军王建之及其妻刘媚子的合葬墓，一位将军的妻子头戴钺形金簪，还是合乎情理的。陕西省旬阳

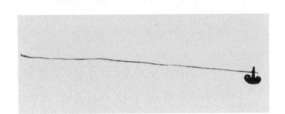

图 3-32 钺形金簪（线图）
（南京象山东晋墓）

---

[1] 南京市博物馆：《南京象山 8 号、9 号、10 号墓发掘简报》，《文物》2000 年第 7 期，10 页。

 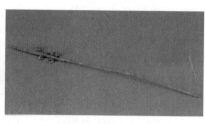

（左）图 3-33 矛形铜钗（陕西省旬阳县大河南东晋墓）

（右）图 3-34 戟形银簪（陕西省旬阳县大河南东晋墓）

县大河南东晋墓出土铜钗一支（图 3-33），首似矛，为菱形；一支银簪（图 3-34），简报称："（银）簪 1 件（M3：7-1）：基本完整，尾部 4.5 厘米处上折 110°。簪形似戟状，簪首扁平，顶端尖，一侧有一个上弯曲齿，其下接由银丝盘卷而成的两组对称卷云纹状，细长柄。长 30 厘米，重量 10.4 克。"[1] 该墓也为夫妻合葬，男子身边有铜弩机，看来也是一位武将，兵器形簪钗则置于女子头部。由此看来，东晋女子以兵器为饰，似乎和她们的丈夫为武将拥有一定关系。这同时也说明，干宝的记载是有事实依据的，并非都是今人所谓的"小说家者言"。

> 永明中，宫内服用射猎锦文，为骑射兵戈之象。至建武初，虏大为寇。(《南齐书·五行志》)[2]

> 开皇中，房陵王勇之在东宫，及宜阳公王世积家，妇人所服领巾制同槊幡军帜。妇人为阴，臣象也，而服兵帜，臣有兵祸之应矣。勇竟而遇害，世积坐伏诛。

[1] 旬阳县文物管理所、旬阳县博物馆：《陕西省旬阳县大河南东晋墓清理简报》，《文博》2009 年第 2 期，7—8 页。

[2] （梁）萧子显：《南齐书》，中华书局，2007 年，373 页。

（《隋书·五行志（上）》）[1]

史书记载，在南齐武帝萧赜执政的永明年间，宫内女子穿的织锦上边有骑马射猎的纹饰，史家认为是兵戈之象，预示将有刀兵之祸，即明帝建武初年北魏孝文帝拓跋宏发动的对齐战争。隋朝开皇年间，房陵王杨勇东宫里的女子及宜阳公王世积家的女眷，所佩戴的领巾和军中的旗帜在形制上十分相像，被看作二人有杀身之祸的征兆。后来杨勇被夺了太子位，隋炀帝登基，便赐死了杨勇；而王世积则被人诬告谋反，也死于非命。尽管二人都是因政治斗争而死，史家们却归罪于女子们的领巾，也可以算作一种警诫后人的说辞吧。

六朝女子爱戎装、兵饰，这在当时是颇有微词的。但服饰艺术的发展有其自身的规律，当一个社会发生重大变革的时候，形势变了，社会氛围与人们的社会文化心理都会随之而变，新的服饰样式的诞生也就具备了必要的文化土壤。过去被人贬低的服饰，一时变成了风尚，如女子穿的袴褶。本来内穿的衣服，突然之间被人们罩在了外边，如裲裆衫中的裲裆。原本被看作不祥之物的刀兵，却变身为女子身上的佩饰，如五兵佩之类。今天其实也是这样，悄悄变化的社会文化心理，才是艺术创新的真正主角，不经意的改变，也许会引领时代风尚。譬如，年轻人的奇异发型，固然是受影视明星影响，但更重要的是表达了他们内在的个性与叛逆心理；带有革命年代色彩的"红色"文化衫，表达的未必是对过去艰苦岁月的怀念，而是对一个陌生年代的遥望与猎奇。谁把握了社会人心的脉搏，谁就抓住了艺术创新的契机。

---

[1]（唐）魏徵等：《隋书》，中华书局，2000年，630页。

第二节 头上"步摇"如飞燕

南朝梁人范靖的妻子沈氏作过一首《咏步摇花》，诗云："珠华萦翡翠，宝叶间金琼。剪荷不似制，为花如自生。低枝拂绣领，微步动瑶瑛。但令云髻插，蛾眉本易成。"[1] 从诗的内容看，步摇花是插在女性发髻上的一种首饰，上面缀有珠华、翡翠、宝叶、金琼等饰物。珠华即珠花，也就是珠玉及花朵样装饰；翡翠，当为翡翠色彩的鸟羽，未必一定是翡翠鸟的羽毛；宝叶，即叶片状饰品；金琼，意谓各种金、玉装饰品。由此可见，这种首饰必然十分华丽珍贵、光彩照人。女孩子戴在头上，走起路来，步摇花上的珠玉、翡翠、饰叶、花朵等轻轻摇曳、熠熠生辉，真不枉了这"步摇"的名称。

汉魏南北朝时期盛行的步摇：一种可以称为步摇花，或简称步摇，通常为女子头上的饰物，流行于中原、南朝地区；另一种称为步摇冠，男子和女子均可以佩戴，主要流行于燕、代地区，即今天的山西、河北北部、内蒙古及辽宁一带，这里是当时北方少数民族的聚居地。两种步摇均以黄金为基本制作原料，故又称金步摇，属于奢侈品，只有权贵阶层才用得起，是身份和地位的象征。

---

[1]（陈）徐陵编，（清）吴兆宜注，程琰删补穆克宏点校：《玉台新咏笺注》，中华书局，2004 年，208 页。

一、中原、南朝流行之步摇花

根据文献记载，汉魏时期的步摇和假髻拥有密切关系，乃至二者常常混为一谈，让今人不易分辨。汉末大儒郑玄曾多次提及步摇：

掌王后之首服，为副编次，追衡笄。（《周礼·天官·追师》）（郑玄注："副之言覆，所以覆首为之饰，其遗象，若今步繇矣。"）[1]

夫人副袆立于房中。（《礼记·明堂位》）（郑玄注："副者，首饰也，今之步摇是也。"）[2]

郑玄认为，王后首服中的"副"是一种首饰，即当时宫廷皇后、嫔妃、贵族妇女头上所戴的步摇。此种步摇覆之于首，所以称为"副"，而"副"是一种假髻，乃贵族妇女头上常用的妆饰。

副笄六珈。（《诗经·鄘风·君子偕老》）（毛亨注："副者，后夫人之首饰，编发为之。"）[3]

---

[1]《汉魏古注十三经·周礼》，中华书局，1998年，60页。

[2]《汉魏古注十三经·礼记》，中华书局，1998年，116页。

[3]《汉魏古注十三经·诗经》，中华书局，1998年，21页。

副，妇人首服，三辅谓之假纷。（《后汉书·东平宪王苍传》注）[1]

假纷即假髻，也就是妇女头上的"副"，即毛亨所谓"编发为之"的后夫人之首服，是用假发编缀而成。可是，假髻又和步摇是什么关系呢？《诗经·鄘风·君子偕老》："副笄六珈。"郑玄笺云："珈之言加也。副，既笄而加饰，如今步摇上饰。古之制所有，未闻。"[2] 由于郑玄对上古"副笄六珈"的制度已经不是十分明了，所以只能用当时的步摇之制来加以解释，即在假髻做好、并用衡笄与真发固定在一起之后，还要在上边添加别的饰物，就像当时步摇上的饰物一样。由此我们可以知道，郑玄所谓"副"，其实就是安插了各种饰物的假髻，在东汉时也称为步摇。至于为什么这种妆饰要称为步摇，汉末刘熙的《释名·释首饰》给了我们一个较为明确的解释。

王后首饰曰副。副，覆也，以覆首，亦言副贰也，兼用众物成其饰也。步摇，上有垂珠，步则摇动也。[3]

刘熙认为，"副"是戴在王后头上的首饰，也就是覆首之饰，又称副贰，意谓附着在真发之外的假髻，上面安插着各式各样的装饰物；由于装饰物上悬挂着垂珠，珠子在人走动时会不停地摇曳，故此这种首饰便称为步摇。郑玄则明确把"副"看作后汉时的步摇，而"副"包含了假髻和假髻上的饰物，也就是说，郑

[1]（宋）范晔：《后汉书》，中华书局，1973 年，1439 页。

[2]《汉魏古注十三经·诗经》，中华书局，1998 年，21 页。

[3]（清）王先谦：《释名疏证补》，上海古籍出版社，1984 年，239 页。

玄心目中的步摇是指由假髻和假髻上的饰物共同构成的一套装饰品，很像一个安插着盛饰的假发套。然而，刘熙的《释名》似乎将"副"和"步摇"进行了区分，"副"是指假髻和上边的饰物，而"步摇"则似乎仅仅是指假髻上的饰物，上有垂珠，步则摇动。《三国志》裴松之注所引的一段资料，也证明到魏晋时期，人们对假髻和步摇已经作出了区分。

> （孙皓）使尚方以金作华燧、步摇、假髻以千数。令宫人着以相扑，朝成夕败，辄出更作……（《江表传》）[1]

孙皓是东吴的末代皇帝，为人刻薄，耽于声色，据说还喜欢剥人的面皮。闲来无聊，他便和宫里的嫔妃们一起玩闹，还让她们戴上假髻和金步摇相互扑打，弄坏了便命人再做。在这里，《江表传》将假髻和步摇分而言之，还指出步摇是由黄金打制而成，可知此时，步摇已经专指黄金打制的首饰品了。关于步摇的形制与材料，《后汉书·舆服志》的记载可谓详备，以供参考：

> 皇后谒庙服，……假结，步摇，簪珥。步摇以黄金为山题，贯白珠为桂枝相缪，一爵九华，熊、虎、赤罴、天鹿、辟邪、南山丰大特六兽，《诗》所谓"副笄六珈"者。诸爵兽皆以翡翠为毛羽。金题，白珠珰绕，以翡翠为华云。[2]

《晋书·舆服志》所记与此大同小异，显然在资料上是一脉相承的，二者可

[1]（晋）陈寿：《三国志》，中华书局，1998年，1202页。
[2]（宋）范晔：《后汉书》，中华书局，1973年，3676页。

以相互参照：

> 皇后谒庙，……首饰则假髻，步摇，俗谓之珠松是也，簪珥。步摇以黄金
> 为山题，贯白珠为支相缪。八爵九华，熊、兽（虎）、赤黑、天鹿、辟邪、南
> 山丰大特六兽，诸爵兽皆以翡翠为毛羽，金题白珠珰，绕以翡翠为华。[1]

以上两则资料告诉我们，步摇是安于假髻上的首饰，主体以黄金打制，上面还装置、镶嵌或悬挂有鸟兽、珠玉、毛羽、花朵等饰物。《晋书》称，当时人们对它的通俗称谓是珠松，可知上面应装饰有众多珠子之类的饰物。根据《后汉书》、《晋书》、《宋书》的记载，皇后参加宗庙礼仪、长公主入宫觐见可以佩戴步摇，可见步摇一开始主要是宫廷贵妇的妆饰，作为礼仪的一部分，用来体现妇女地位的上下尊卑。

山题，是指步摇的基座，用黄金打制而成。"一爵九华"，爵即雀，华即花。此句在《晋书·舆服志》及《太平御览》所引晋司马彪著《续汉书·舆服志》中，均为"八爵九华"，而《宋书·舆服志》则为"八雀九华"，今天，我们已经很难确定孰是孰非。熊、虎、赤黑、天鹿、辟邪、南山丰大特应是六种神兽，具有祥瑞和辟邪的双重作用，寓意驱邪避凶、多福多寿。翡翠在古代有两意：一指翡翠鸟的羽毛，翡为赤羽雀，雄性，毛羽为鲜艳的红色，翠指青羽雀，雌性，毛羽为青绿色，翡翠鸟的羽毛，在古代是极其珍贵的装饰品，向来为人所珍爱；二指翡翠色的玉石，包括红、青、绿、碧等色彩的宝石，并非今人所谓来自缅甸一带

---

[1]（唐）房玄龄等：《晋书》，中华书局，1974年，774页。

图 3-35 金冠（新切尔克斯克
萨尔马泰女王墓）

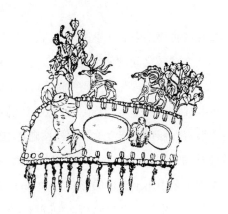

的翡翠玉。曹植《七启》云："戴金摇之熠耀，扬翠羽之双翘。"[1] 其中讲到，美
人头戴金步摇熠熠生辉，还有双翘的翠羽摇曳生风。可见步摇上边应该装饰有翡
翠色的羽毛，当然不一定非得是翡翠鸟的毛羽，尤其魏晋以后，步摇进入一般贵
家庭，上边的毛羽应该也会更加宽泛。结合上文所谓"诸爵兽皆以翡翠为毛羽"，
我们以为，《后汉书》中金步摇上的"翡翠"，还是理解为"翡翠毛羽"更为贴切。
当然，后人将金步摇上镶嵌的五色宝石亦称为翡翠，也是情理中的事情。

　　由此我们可以大体描绘一下《后汉书》中皇后、长公主所戴的金步摇。此种
步摇，有一个黄金打制的基座"山题"，在山题上方是串有白珠的桂枝，桂枝彼
此相互缭绕，成团行花枝状，花枝上装有八只雀鸟、九朵花；金步摇上还饰有六
种神兽，无论鸟雀还是神兽，都用鲜艳的翡翠鸟羽加以装饰。至于山题、雀鸟、
神兽、花朵、桂枝之间的相互关系，史书并没有详述。孙机先生根据国内外出土

[1] 赵幼文：《曹植集校注》，人民文学出版社，1998 年，10 页。

的步摇，主要是中亚，中国内蒙古、辽宁，朝鲜，日本等地出土的步摇冠，提出了六兽与桂枝之间的两种安排方法："一种是在六兽中间装五簇桂枝；另一种则是以二兽为一组，当中各装一簇，共装三簇桂枝。"[1] 此种安排，无疑是将汉地皇后的步摇设想成了燕、代地区少数民族的步摇冠，冠下方有一个环形的金制框架，六兽装置在环形框架之上，而桂枝则置于六兽之间，于是便出现了三簇桂枝和五簇桂枝的方案。此种安排与设想，很像 1864 年在顿河下游新切尔克斯克的萨尔马泰女王墓中出土金冠的形制（图 3-35）。此金冠年代约为公元前 2 世纪，正当西汉中早期。由于广大中原和长江流域至今还没有出土相应的金步摇实物，所以我们对此只能存疑。

1984 年，甘肃省武威市凉州区韩佐乡红花村出土了一只东汉时期的金头花（图

（左）图 3-36 金头花（甘肃省武威市凉州区韩佐乡红花村）

（右）图 3-37 帛画中的贵妇人，头上所戴珠串形首饰，疑为步摇（马王堆一号汉墓）

---

[1] 孙机：《步摇·步摇冠·摇叶饰片》，《中国圣火——中国古文物与东西文化交流中的若干问题》，辽宁教育出版社，1996 年，87 页。

3-36），高 8 厘米，直径 6.4 厘米 [1]。此花主体为金制，经捶揲、焊接、镶嵌而成。造型如花枝，上有四片长条形叶片，叶片顶端焊有小圆环，原本应悬挂有饰物，现已亡佚。叶片中间伸出八支弯曲的细茎，茎端有四朵小花、三支花苞，中间一支茎端站立着一只小鸟，小鸟口部有圆环，下挂一圆形金片。花心原本镶嵌有各种色彩的宝石，已经丢失。此金头花为"一雀七花"，多少让我们想起了《后汉书》中的"一爵九华"，二者有着惊人的相似之处，只是未见六兽。或许，步摇花本来就不是指一件独立的饰物，而是一组，分别安插在假髻之上，这才有"副笄六珈"之说。而"六珈"，推测应是用来固定假髻和步摇的六支簪或钗，而在簪头或钗头上装饰着神兽。

这支金头花的下部是一根空心圆茎，如若佩戴在头上，下边应该还会有一个基座，也就是山题，用以和簪钗配合使用。此种金头花，上面悬挂着金叶等可以摇曳的饰物，完全符合"步则摇动"的标准，可以说是典型的金步摇。类似此种形制的步摇，我们在传世画作中还可以看到。

迄今发现最早的步摇形象，出现在长沙马王堆一号汉墓的墓主人头上（图3-37）。这座汉墓出土了一幅巨型帛画，画面中间有一个老妇人拄杖而立，当为墓主人辛追夫人生前形象。在她的前面有两个举案跪迎的男子，身后是三个侍女拱手相随。考古报告说："这段画面中的老妪，当是死者生前的形象。老妪发上所饰带白珠的长簪，是汉代贵族妇女特有的一种首饰。《续汉书·舆服志》所记载的后夫人首饰，都提到饰以白珠的首饰。"[2] 所谓"饰以白珠的首饰"，也就是步摇。这件步摇形制较为简单，就是几根花枝，枝上饰有白色的珠子，是否有山

[1] 甘肃省文物局：《甘肃文物菁华》，文物出版社，2006 年，152 页。

[2] 湖南省博物馆、中国科学院考古研究所编：《长沙马王堆一号汉墓》，文物出版社，1973 年，42 页。

题并不清楚。因人像是侧面，看不清具体戴法，所以发掘报告称之为"长簪"，有待商榷。辛追夫人是长沙相轪侯利苍的妻子，有学者认为她是第一代长沙王吴芮的女儿，曾被汉廷封为"公主"。无论如何，以辛追夫人的贵族身份，头戴步摇显然是地位的一种象征。

团形花枝状步摇，我们在东晋顾恺之《女史箴图》（唐摹本）和《列女图》（宋摹本）中还可以看到。《女史箴图》是根据西晋张华的《女史箴》所创作，张华有感于晋惠帝皇后贾南风的专权善妒，引用古代宫廷女子的模范故事，借以讽喻贾后并教育宫中女子。该图所绘宫廷女子，大多数头上都戴有步摇（图3-38），均为两支一组，其形象大体相似，下部有一个酷似石榴花花蒂（图3-39、3-40）的基座，花蒂中伸出弯曲、扶疏的花枝，花枝上似有鸟雀、花朵、珠翠之属。此种步摇基座以上的部分，与甘肃武威出土的那支金头花极其相似。

《列女图》据刘向《列女传》而绘。西汉时，汉成帝沉湎于酒色，并宠信赵飞燕姐妹而荒废朝政，导致外戚专权。刘向有鉴于此，乃编辑自古以来贤妃、贞妇、宠姬等人的故事为《列女传》，献给成帝，期望他从中吸取教训。今日所见《列女图》中的女子，九人中有六人可以明确是戴有步摇的。她们所戴的步摇有两种形制：一种与《女史箴图》中所见相仿，为团形花枝状，戴者分别是许穆夫人（图3-41）、卫灵公夫人和晋羊叔姬；另一种为团形花朵状，比之前者形体较为小巧，下部亦有一石榴花花蒂状基座，基座上方为一花朵形饰物，戴者分别是卫懿公夫人、孙叔敖母和曹僖负羁之妻（图3-42）。沈满愿《咏步摇花》说："剪荷不似制，为花如自生。"卫懿公夫人额头上方的步摇，便恰似一朵荷花（图3-43）。

值得注意的是，《列女图》中的晋羊叔姬、曹僖负羁之妻和孙叔敖母都并非宫廷贵妇，而仅仅是当时上层社会的妇女，顾恺之却同样给她们戴上了步摇，可

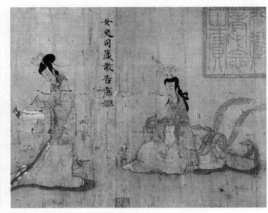

图 3-38 戴步摇的宫廷女子（顾恺之《女史箴图》）

（左）图 3-39 据顾恺之《女史箴图》所绘步摇效果图，其基座与石榴花花蒂相仿

（右）图 3-40 石榴花花蒂

（上）图 3-41 许穆夫人，头戴团形花枝状步摇（顾恺之《列女图》）

（中）图 3-42 孙叔敖母（左）和曹僖负羁之妻（右），二人头上均戴团形花朵状步摇（顾恺之《列女图》）

（下）图 3-43 卫懿公夫人，头戴荷花形步摇（顾恺之《列女图》）

见魏晋以降，一般贵族女性也是可以戴步摇的。《晋书·志第九》记载行蚕礼云："蚕将生，择吉日，皇后着十二笄步摇，依汉魏故事……公主、三夫人、九嫔、世妇、诸太妃、太夫人及县乡君、郡公侯特进夫人、外世妇、命妇皆步摇、衣青，各载筐钩从蚕。"[1] 于此可见晋时贵妇头戴步摇的盛况。这一点到了南朝则更为普遍，而且不再限于礼仪装束，而是进入了寻常生活。

芳郊拾翠人，回袖掩芳春。金辉起步摇，红彩发吹纶。汤汤盖顶日，飘飘马足尘。薄暮高楼下，当知妾姓秦。（梁·费昶《春郊望美人》）[2]

明珠翠羽帐，金薄绿绡帷。因风时暂举，想象见芳姿。清晨插步摇，向晚解罗衣。托意风流子，佳情讵肯私。（梁·范静妻沈氏《戏萧娘》）[3]

春晚驾香车，交轮碍狭斜。所恐惟风入，疑伤步摇花。含羞隐年少，何因问妾家。青楼临上路，相期觉路赊。（梁·刘遵《相逢狭路间》）[4]

以上诗歌，都是因美人而言及步摇花，写她们头戴步摇、熠熠生辉的摇曳姿态与万般风情。可知在日常生活中，步摇花已经成为南朝佳丽们的珍爱。然而，南朝时期的步摇是否在形制上已经发生了变化，发生了什么变化，我们并不清楚。

---

[1]（唐）房玄龄等：《晋书》，中华书局，1974 年，590 页。

[2]（陈）徐陵编，（清）吴兆宜注，程琰删补，穆克宏点校：《玉台新咏笺注》，中华书局，2004 年，250 页。

[3]（陈）徐陵编，（清）吴兆宜注，程琰删补，穆克宏点校：《玉台新咏笺注》，中华书局，2004 年，209 页。

[4]（宋）郭茂倩：《乐府诗集》，中华书局，1998 年，512 页。

图 3-44 金花（南京北郊东晋墓）

图 3-45 部分桃形金叶和金饰残件（山东临沂洗砚池 M2
号晋墓）

有一点可以明确的是，在中原和南朝地区的考古发掘中，尚未发现完整的顾恺之
笔下的金步摇实物。只是在不少墓葬中，发现了一些疑似步摇上的金制配件。南
京北郊东晋墓出土了两件金花(图 3-44)和三件鸡心形金叶 [1]。山东临沂洗砚池 M2
号晋墓出土了八件桃形金叶和部分金饰残件（图 3-45) [2]。南京市郭家山东晋温氏
家族墓 M12，出土了四件桃形金叶、一件金饰物和三片金制残件；M13 出土了
九件桃形金叶和部分金珠、金薄片、金饰件 [3] 等。其中的金花有茎，六片花瓣上
均饰有金粟；桃形或鸡心形金叶，顶端都打有一个小孔，显然属于悬挂物，这和
金步摇上的摇叶十分相似。二者很可能就是步摇上的装饰物。但在更多的证据出
现之前，我们还只能保持一种谨慎的态度。

　　六朝步摇也许一直处在不断的发展过程中，并在形制上有所变化。金步摇在
一般贵族妇女中的流行和普及，很可能令步摇的形制与佩戴日趋简易，这是一种

[1] 南京市博物馆：《南京北郊东晋墓发掘简报》，《考古》1983 年第 4 期。

[2] 山东省文物考古研究所、临沂市文化局：《山东临沂洗砚池晋墓》，《文物》2005 年第 7 期。

[3] 南京市博物馆：《南京市郭家山东晋温氏家族墓》，《考古》2008 年第 6 期。

图 3-46 头插步摇的唐代妇女（陕西省乾县唐永泰公主墓出土石刻）

图 3-47 四蝶银步摇钗（左）和金镶玉步摇钗（右）（安徽省合肥市农学院南唐汤氏墓）

比较合乎常规的推测。基于此，步摇到了唐以后便与钗合二为一，出现了钗头上缀以鸟雀、蝴蝶、花朵、珠玉等饰物的步摇钗（图3-46、3-47），也就不会让人觉得诧异了。《新唐书·五行一》载："天宝初，贵族及士民好为胡服胡帽，妇人则簪步摇钗，衿袖窄小。"[1] 又唐代诗人张仲素《宫中乐》云："翠匣开寒镜，珠钗挂步摇。妆成只畏晓，更漏促春宵。"[2] 从中可以看出，钗与步摇已经合二为一，称为步摇钗了，而且在贵妇和士民女子中间已经十分普及，不再是贵妇们的专利了。

二、燕、代地区流行之步摇冠

根据史书记载，中国北方的燕、代地区，在魏晋南北朝时盛行一种步摇冠，

---

[1]（宋）欧阳修等：《新唐书》，中华书局，2003年，879页。

[2]（宋）郭茂倩：《乐府诗集》，中华书局，1998年，1158页。

这和出土文物的分布情况也是基本相符的。北方出土的步摇冠配件，主要分布在今天的内蒙古、辽宁一带。从近几十年发现的考古实物与学术研究成果[1]看，居住在中国北方的草原游牧部落，很久以来就有戴金冠、金饰的文化传统，这为步摇冠的流行奠定了必要的民族文化心理基础。正是草原部落自身的这种文化传统，使得中国北方流行的步摇冠和中原、南朝地区流行的步摇花，在形制和佩戴上，都体现出了许多不同点。

较早记载北方少数民族戴步摇的文献资料是《后汉书·乌桓传》："妇人至嫁时乃养发，分为髻，着句决，饰以金碧，犹中国有簂步摇。"[2]句决是一种首饰，其形制今人已不清楚。簂疑为帼，即巾帼（一种假髻），是用假发（如黑色丝、毛、线）等编制而成的类似于假髻的饰物，用时直接戴在头上。刘熙《释名·释首饰》："簂，恢也，恢廓覆发上也。"[3]清人厉荃《事物异名录》云："按：簂即帼也，若今假髻，用铁丝为圈，外编以发。"[4]当然，汉代人的巾帼未必是用铁丝为圈，或许用的是别的材料，但帼是假髻这一点则是可以肯定的。尽管我们还没有出土实物可以参照，但从汉代图像资料（图3-48、3-49）来看，此种假髻大概通常和巾子一起配合使用，即在假发套上加巾子以为饰，这或许就是"巾帼"一名所以和"巾"密不可分的原因。

乌桓妇女头上的发饰，有句决，上面饰金碧，类似于在中原地区的巾帼上加以金步摇。这样的装束就很有点儿像金冠了，所以孙机先生说："如果进一步将巾帼改用更硬挺的材料制成类似冠帽之物，再装上多件步摇，就可以称之为步摇

---

[1] 参见杨伯达：《中国古代金饰文化板块论》,《故宫博物院院刊》2007年第6期。

[2] （宋）范晔：《后汉书》, 中华书局, 1973年, 2979页。

[3] （清）王先谦：《释名疏证补》, 上海古籍出版社, 1984年, 240页。

[4] （清）厉荃：《事物异名录》卷十六,《续修四库全书》(第1252册), 上海古籍出版社, 2002年, 646页。

（左）图 3-48 头戴巾帼的妇女
陶俑（广东省广州市郊东汉墓）

（右）图 3-49 头戴巾帼的妇女
陶俑（四川省忠县涂井汉墓）

灵动飘逸：六朝女子服饰时尚

冠了。"[1] 乌桓妇女的帼步摇是否可以称为步摇冠，它的具体形制如何，我们可以
从出土的一些金饰中得到些许启示。内蒙古准格尔旗西沟畔 4 号汉代匈奴墓出土
的一套贵妇人的金首饰，有长条形金饰片 62 件，卷云纹金饰片 15 件，包金贝壳
饰片 6 件及大量金属珠，饰片上边均留有针孔。孙机先生认为，这些饰片原本应
该是缝在巾帼或者帽子上，整体看来就像一件摇曳生辉的金冠[2]（图 3-50、3-51）。
这种冠饰或曰帽饰，大约与乌桓妇女的帼步摇装束十分相似。乌桓，史书又称"乌
丸"，与鲜卑族同属于东胡部落联盟的一支。秦朝末年，东胡被匈奴击破后迁居
乌桓山（今辽河上游西喇木伦河以北），并因此而得名。汉武帝击败匈奴，迁乌

[1] 孙机：《步摇·步摇冠·摇叶饰片》，《中国圣火——中国古文物与东西文化交流中的若干问题》，辽宁
教育出版社，1996 年，91 页。
[2] 孙机：《步摇·步摇冠·摇叶饰片》，《中国圣火——中国古文物与东西文化交流中的若干问题》，辽宁
教育出版社，1996 年，95 页。

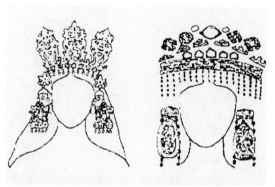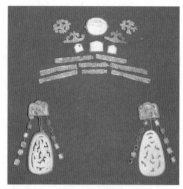

（左）图 3-50 阿富汗北部席巴尔甘 6 号大月氏墓女主人头部金饰复原图（左）；内蒙古西沟畔 4 号汉代匈奴墓女主人头部金饰复原图（右）；两者应具有一定的承继关系

（右）图 3-51 内蒙古西沟畔 4 号汉代匈奴墓出土金头饰、耳饰实物图

（左）图 3-52 金冠（内蒙古杭锦旗阿鲁柴登战国晚期匈奴墓）

（右）图 3-53 金冠（新疆吐鲁番市交河沟西 1 号汉墓）

桓于上谷、渔阳、右北平、辽东、辽西地区，为汉朝戍边，抵御匈奴的袭扰，并设置了护乌桓校尉，东汉魏晋沿置未变。东汉时窦宪击破北匈奴，迫其西迁；而乌桓人大部则逐渐南迁与汉族融为一体。（这样，来自大兴安岭一带的鲜卑人，便乘虚入主广大的漠北草原与内蒙古、燕代、辽西、辽东地区。）乌桓妇女的装束，想必在很大程度上受到了匈奴服饰文化的影响。

其实，无论匈奴、乌桓妇女的金首饰，还是后来鲜卑民族的步摇冠，与中国西北及北方游牧部落的金冠文化，都是一脉相承的。内蒙古杭锦旗阿鲁柴登战国晚期匈奴墓出土的一只金冠（图3-52），包括冠顶和环形冠箍两部分。冠箍与冠顶分离，冠顶下部为一半球形，上立一只雄鹰，俯视大地。二者原本应该与毛制品或棉麻制品等一起，连缀成一只完整的冠帽。而新疆吐鲁番市交河沟西1号汉墓出土的金冠（图3-53），则仅余一只半圆形冠箍，未见冠顶。如果这种金冠的冠顶加上一些可以摇曳的饰物，也就可以称为步摇冠了。巧合的是，在内蒙古科尔沁左翼后旗毛力吐鲜卑墓葬中，就出土了一件东汉时期的金冠饰[1]（图3-54），下部

图 3-54 东汉时期的金冠饰
（内蒙古科尔沁左翼后旗毛力
吐鲜卑墓）

---

[1] 赵雅新：《科左后旗毛力吐发现鲜卑金凤鸟冠饰》，《文物》1999 年第 7 期。

为一圆盘形底座，上立一只凤鸟，在凤鸟双翅和尾翼边缘上打有小孔，上缀可以摇曳的圆形叶片。在金冠饰的圆形底座上，打有四个小孔，应该是用以连缀冠帽的，或者可以说，这就是一件金冠的冠顶。这样的金冠，应该就是较早出现的步摇冠的一种。

步摇冠似乎和鲜卑人有着不解的情缘，至今在北方发现的金步摇实物，大都出土于鲜卑墓葬或窖藏中。而关于慕容鲜卑与步摇冠的关系，还有一段历史传说：

> 慕容廆，字弈洛瑰，昌黎棘城鲜卑人也。其先有熊氏之苗裔，世居北夷，邑于紫蒙之野，号曰东胡。其后与匈奴并盛，控弦之士二十余万，风俗官号与匈奴略同。秦汉之际为匈奴所败，分保鲜卑山，因以为号。曾祖莫护跋，魏初率其诸部入居辽西，从宣帝伐公孙氏有功，拜率义王，始建国于棘城之北。时燕代多冠步摇冠，莫护跋见而好之，乃敛发袭冠，诸部因呼之为步摇，其后音讹，遂为慕容焉。[1]

此文说鲜卑慕容部因步摇冠而得名，并不符合事实。《三国志》卷三十，裴松之注"鲜卑"条，云东汉桓帝时，鲜卑首领檀石槐称霸漠北，分鲜卑为三部，"从右北平以西至上谷为中部，十余邑，其大人曰柯最、阙居、慕容等，为大帅"[2]。可知，东汉时鲜卑部族之一的首领即已称为"慕容"，而慕容部很可能早已经沿用这个名称。慕容廆的祖父莫护跋，在曹魏初年率众入居辽西，他们应该是慕容部的一个分支，因为帮助司马懿平定辽东公孙渊有功，获朝廷封赏，便定居此地，辽西

[1]（唐）房玄龄等：《晋书》，中华书局，1974年，2803页。

[2]（晋）陈寿：《三国志》，中华书局，1998年，838页。

（左）图 3-55 金步摇（大）（辽宁朝阳北票房身村晋墓）

（中）图 3-56 金步摇（小）（辽宁朝阳北票房身村晋墓）

（右）图 3-57 花蔓状金饰（辽宁朝阳北票房身村晋墓）

也就成了这支慕容氏的发迹之地。

　　鲜卑与乌桓同为东胡的分支，很久以来就和匈奴人共居中国北方大草原，二者同样深受匈奴文化的影响。上文称鲜卑人"风俗官号与匈奴略同"，应该是有根据的。就此而论，鲜卑服饰文化（包括步摇冠）自然会受到匈奴人的影响。而东汉末年燕代地区流行的步摇冠，可能就是北方游牧民族金饰文化的一部分，与其金冠传统是一致的。身为鲜卑人的莫护跋喜欢步摇冠，是情理中的事情。而黄金步摇冠，无疑是草原民族身份与地位的象征。这种步摇冠的配件，在今天辽西的朝阳地区发现最多，这和慕容鲜卑的发祥地是一致的。据统计，在辽宁朝阳魏晋及三燕时期的墓葬中，北票房身村墓、田草沟墓、朝阳十二台砖厂墓、喇嘛洞墓及北票冯素弗墓、王子坟山墓等地，都曾出土过此种器物。

　　北票房身村晋墓出土金步摇两件（图3-55、3-56），一大一小。发掘报告说，两件器物的基座均为透雕，四周遍布针孔，大的四角还各有一穿孔；同墓还出土

（左）图 3-58 金步摇（辽宁朝阳王子坟山晋墓）

（中）图 3-59 金步摇（大）（辽宁朝阳田草沟晋墓）

（右）图 3-60 金步摇（小）（辽宁朝阳田草沟晋墓）

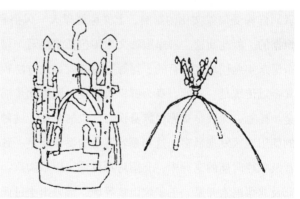

（左）图 3-61 金冠框架（辽宁北票冯素弗墓）

（右）图 3-62 韩国大丘飞仙洞 37 号伽耶墓出土鎏金铜冠（左）与冯素弗墓出土金冠框架（右）对比图

有花蔓状金饰两件（图3-57），上面悬挂有圆形金叶片，与步摇共用，疑为冠上的围饰[1]。由于墓中没有出土簪、钗类饰物，我们推测，花蔓状金饰和今天称之为"步摇"的两件花树状金饰，很可能是用丝线类固定在冠（或巾帼）上的饰物，合而言之，也就成了步摇冠。王子坟山晋墓和田草沟晋墓出土的"步摇"（图3-58、3-59、3-60），基座也是透雕，前者四角也各有一穿孔，基座的镂空与穿孔，都为用丝线加以固定预留了空间。

冯素弗墓出土的金冠框架，以十字形长条金片弯作弧形，构成冠顶，顶部有基座，上面伸出六根花枝，枝上挂有金叶片（图3-61）。这支金冠框架，和韩国大丘飞仙洞37号伽耶墓出土鎏金铜冠（图3-62左）的冠顶十分相似，可知它应该是步摇冠的内层框架，即冠顶。即便如此，我们还是无法断定冯素弗所戴步摇冠的完整形象。冯素弗是北燕太祖天王冯跋的弟弟，官至侍中、车骑大将军、录尚书事、辽西公。他的墓中出土有蝉纹金珰（图3-63），这是当时侍中、常侍的基本标志，与其身份是完全吻合的。其身份高贵至此，头戴步摇冠自是常理中的事情。此墓

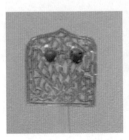 

（左）图3-63 蝉纹金珰（辽宁北票冯素弗墓）

（右）图3-64 金牌饰（辽宁北票冯素弗墓）

---

[1] 陈大为：《辽宁北票房身村晋墓发掘简报》，《考古》1960年第1期。

出土文物中还有金牌饰（图3-64），推测应该与蝉纹金珰、金冠框架同为步摇冠上的构件。

除却上述慕容鲜卑的步摇冠饰之外，拓跋鲜卑也有戴步摇冠的习俗。在内蒙古乌兰察布盟达茂旗（现归属包头市）西河子乡的一处窖藏中，出土了四件步摇冠饰，两两相同，恰好是两对（图3-65）。汉末魏晋之际，现包头市一带为鲜卑拓跋部所居，这里出土的步摇冠饰，应为拓跋鲜卑人的服饰。这两对步摇冠饰都镶嵌有青碧色的料石，有的已经脱落；其中一对的基座似鹿形，另一对的基座似牛形，基座上方均为鹿角形枝杈，这可能和拓跋鲜卑人的祖先来自大兴安岭拥有密切关系。1980年7月，内蒙古呼伦贝尔盟的文物工作者，在大兴安岭北段的嘎仙洞内，发现了北魏太武帝拓跋焘于太平真君四年（443年），派遣中书侍郎李敞祭祖时所刻的祝文。这和《魏书》所记基本吻合，证明嘎仙洞就是北魏拓跋鲜卑祖先居住的石室旧墟。《魏书·乌洛侯传》称：

乌洛侯国，……世祖真君四年来朝，称其国西北有国家先帝旧墟，石室南

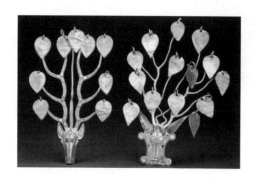

图3-65 金步摇（内蒙古乌兰察布盟达茂旗西河子乡窖藏）

北九十步，东西四十步，高七十尺，室有神灵，民多祈请。世祖遣中书侍郎李
敞告祭焉，刊祝文于室之壁而还。[1]

　　这一历史发现表明，鲜卑人的祖先原本确系居住在大兴安岭的群山中，过着
狩猎生活，森林生涯对他们的影响是深入骨髓的。这一带如今是鄂伦春人的生息
地，此处与人关系最密切的食草动物是驯鹿，头上长枝权形鹿角，面目似牛、似
鹿。因此，达茂旗出土的两对似牛、似鹿的金步摇饰，应该是拓跋鲜卑人对其祖
先森林生活的怀念；其上部枝权似鹿角、悬挂树叶形金片，更可以说明他们心灵
深处对森林的那份眷恋。而慕容鲜卑人的多件树权形步摇，及树权上的叶形金片，
似乎也说明了这点。不同的是，二者的牌饰，一为动物面形，一为镂空矩形，说
明他们在心理、文化上虽然同源，但也存在一定的差异，这可能和他们生活环境
的变迁具有一定关系。

　　晋室南迁以后，中国北方便长时间处在鲜卑人的统治之下。北魏政权虽然进
行过深入的汉化变革，但其自身的服饰文化不可能完全消亡，只可能是在汉化的
过程中，逐渐实现二者的优缺互补。部分鲜卑服饰文化，甚至会顽强地生存下去，
成为其北方文化基因的一种遗存，步摇冠就是其中一例。在南朝陈人和北周人的
诗歌中，我们还可以看到北方任侠少年头戴步摇冠的景象。

　　　　长安好少年，骢马铁连钱，陈王装脑勒，晋后铸金鞭。步摇如飞燕，宝剑
　　似舒莲。去来新市侧，遨游大道边。（陈·沈炯《长安少年行》）[2]

────

[1]（北齐）魏收：《魏书》，中华书局，2003 年，2224 页。
[2]（宋）郭茂倩：《乐府诗集》，中华书局，1998 年，959 页。

飞甍雕翡翠，绣桷画屠苏。银烛附蝉映鸡羽，黄金步摇动禕褕。兄弟五日时来归，高车竞道生光辉。……少年任侠轻年月，珠丸出弹遂难追。（北周·王褒《日出东南隅行》）[1]

南朝陈时，长安是北周的都城，北周乃鲜卑宇文部建立的政权，而长安自北魏以来便归于鲜卑人的统辖之下。因此，无论是沈炯还是王褒笔下的北方任侠少年，都应该是指鲜卑人或鲜卑化的汉人。鲜卑人原本就是马背上的民族，任侠尚武，又是通过马上征战获得的天下，所以，骑马、戎装自然会成为少年人的时尚追求。从诗歌内容看，他们头戴金步摇冠，应该属于贵族，是鲜卑人中的上层统治者，因为只有贵族才可能戴得起这样贵重的首饰。长安的任侠少年头戴步摇冠，"去来新市侧，遨游大道边"的情景告诉我们，鲜卑人从汉末发迹到北朝末年，步摇冠一直是他们引以为傲的盛饰。

流行于燕代地区的金步摇，因直接传承了中亚及中国北方草原游牧部落的金冠文化传统，更多保留了金冠的样式与风貌。今天北方出土的金步摇配件，大多是和冠帽缝缀在一起使用，可以称为步摇冠。此种步摇冠，男女均可以佩戴。从出土文物的形制看，步摇冠的主要配件"步摇"，有一种是悬挂着金叶片的鸟形，仅有一件；而另一种则比较常见，下部是一个牌型基座，有兽面形和镂空矩形，上部是呈平面扇形展开的枝杈，枝杈上悬挂着可以摇动的桃形金叶片。两者均为鲜卑人所佩戴，从其似牛、似鹿的牌型基座和扇形鹿角状、树枝状枝杈，及其摇叶主要为树叶来看，这可能和鲜卑人的祖先曾经生活在森林里有密切关系，体现了他们对祖先森林生活的一种怀念。

---

[1]（宋）郭茂倩：《乐府诗集》，中华书局，1998年，422页。

流行于中原、南朝地区的金步摇，显然因丝绸之路的文化交流，而受到了草原金冠文化的影响。中原地区拥有自己漫长的衣冠文化传统，不可能完全照搬外来的首饰样式与佩戴方法，必然对它进行汉化处理，使之适应中原人的风俗习惯，当然，更重要的是文化理念。因此，草原游牧民族的金步摇，和中原地区的簪钗、珠玉、花朵、翡翠、珍禽、瑞兽等相结合，便产生了中原诗人笔下的步摇花。这种改良以后的步摇花，显然是女子的专利。对于中原士大夫来说，他们拥有自己的冠冕传统，那可是祖宗之法，是士人心目中的文化正统，根本不需要金步摇来自抬身价。步摇花的形制，从出土实物和图像资料看，大体呈团形花枝或团形花朵状，这和北方平面扇形的步摇枝杈形成了鲜明对比。步摇花是插在发髻上，推测应与簪钗配合使用才行。无论其形制还是佩戴方式，都体现了中原文化的审美倾向与文化理念。

从整体上看，尽管南北两种金步摇都受到了中亚异域文化的影响，但因其各自成长于不同的地域环境和文化传统，所以呈现出两种不同的样式与风貌。二者虽然历史上都被称作"步摇"，但他们的差异及其背后的文化传承，还是应该引起我们足够的重视和深思。

六朝女子服饰上承两汉之遗绪，下开隋唐之风气，在中华民族服饰史上具有特殊的历史地位。魏晋以来，旷日持久的战争给世人带来心灵的伤痛，同时也打碎了人们内心的僵化与保守，胡风南下的同时，北方民族亦开始真诚接受汉文化的洗礼。无论裲裆衫、袴褶，还是步摇花、步摇冠，都是这种民族文化大融合背景下的产物。开放的思想，带来了民族服饰文化的创新与多样性。隋唐以降，中外文化的交流日益广泛和深入，受胡风浸染，我华夏女子的装饰也更趋大胆与开放，乃至女着男装、胸颈敞露，完全一派大国的自信与张扬，造就了中华民族文明史上的一个衣冠盛世。

国色天香

唐代女子服饰时尚

在历经长期的社会变动和民族融合后，唐王朝成为当时世界上最富强繁荣的帝国之一，鼎盛时的势力范围东北至朝鲜半岛，西达中亚，北至蒙古，南达印度。京城长安成为当时亚洲乃至世界的政治、经济、文化交流中心。当时与唐朝有过往来的国家和地区一度达到三百多个，正如诗人王维在《和贾至舍人早朝大明宫之作》中所描绘的"万国衣冠拜冕旒"的盛况，每年有大批留学生、外交使节、客商、僧人和艺术家前来长安。他们身着形式各异的异域服装，给唐代女子服饰注入了新鲜空气，使其呈现出多姿多彩的新局面。

纵观唐代近三百年的女性日常服饰风尚大致经历了这样的流变——初期：短衣长裙，继承了自汉魏北朝以来女性最常用的襦裙式样；中期：胡服，女效男装，戎装盛行；晚期：袒胸，博衣阔裙，大袖长带，簪钗耀眼，奢华艳丽。

第一节 衣裙与鞋子

唐代声威文教遍于亚细亚，是最能代表中华民族精神的一个大时代。这二三百年间，文治武功皆旷绝前古，又颇能吸收印度文化与伊斯兰文化之长，而融合于中国所固有，故美丽而不纤弱，勇迈而不粗悍。[1]

唐代女性穿用最多的当属自汉末以来一直流行的短襦长裙。《说文》："襦，短衣也。"[2] 可见，襦并不是一种长服。"裙"是"群"的同源派生词，意思是将多

---

[1] 贺昌群：《唐代女子服饰考》，《贺昌群文集》第一卷，商务印书馆，2003 年，263—279 页。

[2] 李恩江、贾玉民：《说文解字译述》"衣部"，中原农民出版社，2000 年，753 页。

（群）幅布帛连缀到一起，形成筒状[1]。由于纺织技术的限制，中国古代早期生产的布帛门幅较窄，一条裙子通常由多幅布帛拼制，所以用"群"字。短襦与长裙加上便于搭配的半臂、富于韵律动感的帔子和足尖翘起的云头履，构成了唐代女子的时尚风貌。

一、粉胸半掩疑晴雪

直缘多艺用心劳，心路玲珑格调高。舞袖低徊真蛱蝶，朱唇深浅假樱桃。粉胸半掩疑晴雪，醉眼斜回小样刀。才会雨云须别去，语惭不及琵琶槽。

酒蕴天然自性灵，人间有艺总关情。剥葱十指转筹疾，舞柳细腰随拍轻。常恐胸前春雪释，惟愁座上庆云生。若教梅尉无仙骨，争得仙娥驻玉京。[2]

诗中"粉胸半掩疑晴雪"、"常恐胸前春雪释"都是在描写唐代盛行的袒领露胸的时装风尚。

中国传统封建礼教对女性的要求严格，不仅约束其举止、桎梏其思想，还要求妇女将身体紧紧包裹起来，不允许有稍微的裸露。但唐代国风开放，女子的社会地位和活动空间获得极大提高和扩展，甚至在服装上出现了"袒胸装"，将胸部和颈部曲线裸露在外的着装时尚。

---

[1] "裙，联接群幅也。"参见（东汉）刘熙撰，（清）毕沅疏证，王先谦补：《释名疏证补》，中华书局，2008 年，257 页。

[2]（唐）方干：《赠美人（四首）》之二首，《全唐诗》卷六五一，中华书局，1979 年，7478 页。

　　祖胸装的流行与当时女性以身材丰腴健硕为佳，以皮肤白皙粉嫩、晶莹剔透为美的社会审美风气是分不开的。唐代描写祖胸装的诗词很多，如"漆点双眸鬓绕蝉，长留白雪占胸前"[1]、"两脸酒醺红杏妒，半胸酥嫩白云饶"[2]、"胸前瑞雪灯斜照，眼底桃花酒半醺"[3] 等，均是对这种风尚的描写。最初，祖胸装多在歌伎舞女中流行，后来宫中佳丽和社会上层妇女也引以为尚，纷纷效仿。《簪花仕女图》中的仕女个个体态丰盈，半胸酥白，极具富贵之态（图4-1）。此外，在唐代敦煌壁画、吐鲁番阿斯塔那唐墓出土戴羃䍦女骑俑（图4-2）和唐懿德太子墓石椁浅雕中也都有祖胸装的形象。这种流行于宫中的时尚，后来也流传到了民间，周濆《逢邻女》诗云："日高邻女笑相逢，慢束罗裙半露胸。莫向秋池照绿水，参差羞杀白芙蓉。"[4] 诗中正是对邻家女子身着祖胸装的美丽倩影进行了描绘。

　　除了开放的社会环境和多元化的审美习惯，唐代女性祖胸装的形成，也与此时女裙"高腰掩乳"的穿着习惯有关，如《步辇图》中的侍女（图4-3）。"高腰掩乳"直接导致唐代长裙的流行，证以"青楼（黛眉）小（少）妇砑裙长"[5]、"长裙锦带还留客"[6]。更有甚者，裙摆拖地尺余，如"坐时衣带萦纤草，行即裙裾扫落梅"[7]，衣裙之长可以用裙摆拖扫散落在地面的梅花，奢华且富有意境。中唐晚期此风尤

---

[1]（唐）施肩吾：《观美人》，《全唐诗》卷四九四，中华书局，1979年，5604页。

[2]（唐）李洞：《赠庞炼师（女人）》，《全唐诗》卷七二三，中华书局，1979年，8296页。

[3]（唐）李群玉：《同郑相并歌姬小饮戏赠（一作杜丞相悰筵中赠美人）》，《全唐诗》卷五六九，中华书局，1979年，6602页。

[4]（唐）周濆：《逢邻女》，《全唐诗》卷七七一，中华书局，1979年，8755页。

[5]（唐）王建：《宫词》，《全唐诗》卷三零二，中华书局，1979年，3445页。

[6]（唐）王翰：《观蛮童为伎之作》，《全唐诗》卷一五六，中华书局，1979年，1605页。

[7]（唐）孟浩然：《春情》，《全唐诗》卷一六零，中华书局，1979年，1657页。

图 4-1《簪花仕女图》中
的仕女形象（唐 周昉）

（左）图 4-2 戴帷帽女骑俑（阿斯塔那唐墓）

（右）图 4-3《步辇图》中仕女所穿裙子"高腰
掩乳"的形象（唐 阎立本）

图 4-4《挥扇仕女图》中仕女的束腰长裙（唐 周昉）

盛,其形象如《挥扇仕女图》中女性束腰长裙(图4-4)。唐文宗时,曾下令禁止。[1]
然而据《新唐书·车服志》记载:"诏下,人多怨者。京兆尹杜悰条易行者为宽限,
而事遂不行。"[2] 可见,裙长的禁令无法真正实施。

在唐代,与女裙搭配的上衣一般是短襦或大袖衫。此时的短襦,除交襟右衽
之外,更多地采用对襟的形式,衣襟敞开,不用纽扣,下束于裙内。袖子以窄袖
为主,袖长通常至腕,有的甚至长过手腕,穿时双手藏于袖内。唐代《捣练图》、
《挥扇仕女图》和《内人双陆图》(图4-5)中均绘有着窄袖短襦的妇女形象。大袖衫,
流行用纱罗等轻薄材料制成,衣长至胯以下。在唐代诗词中有很多描写女衫轻薄
的优美诗句,如"鸳鸯钿带抛何处,孔雀罗衫付阿谁"[3]。唐代女子穿着大袖衫时,
衣摆多披垂于裙身之外。透过薄纱,胸前风景自然若隐若现,若有若无。更为奢
侈者,还会在薄纱上加饰金银彩绣,如"罗衫叶叶绣重重,金凤银鹅各一丛。每
遍舞时分两向,太平万岁字当中"[4]。实物如西安法门寺地宫出土的红罗地蹙金绣
随捧真身菩萨佛衣模型(图4-6)。其中的对襟衣用绢做里,用绛色罗做面,其上
均匀分布蹙金绣折枝花卉纹样。花朵外面衬花叶,每个花朵都留出一颗花心。

---

[1] "文宗即位,以四方车服僭越奢,下诏准仪制令,……妇人裙不过五幅,曳地不过三寸。"参见(宋)
　　欧阳修等:《新唐书》,中华书局,1975年,531页。
[2] (宋)欧阳修等:《新唐书》,中华书局,1975年,532页。
[3] (唐)张祜:《感王将军柘枝妓殁》,《全唐诗》卷五一一,中华书局,1979年,5827页。
[4] (唐)王建:《宫词》,《全唐诗》卷三百二,中华书局,1979年,3439页。

图 4-5《内人双陆图》中的
妇女形象（唐 周昉）

图 4-6 红罗地蹙金绣随
捧真身菩萨佛衣模型（西
安法门寺地宫出土）

二、桃花马上石榴裙

红粉青蛾映楚云，桃花马上石榴裙。罗敷独向东方去，漫学他家作使君。[1]

看朱成碧思纷纷，憔悴支离为忆君。不信比来长下泪，开箱验取石榴裙。[2]

唐代女裙颜色绚丽，尤以红裙为尚。唐诗中对此述及较多，如"窣破罗裙红似火"[3]、"越女红裙湿，燕姬翠黛愁"[4]都是描写唐代女性流行的红裙现象。

此时，红裙又有"石榴裙"之称。石榴原产波斯（今伊朗）一带，于公元前2世纪传入我国。在中国古代，植物颜色是服饰染色的主要来源。古人染红裙一般是用石榴花。石榴裙颜色鲜艳，甚至与石榴花的红色堪有一比，所谓"红裙妒杀石榴花"[5]、"裙妒石榴花"[6]。在关于唐代石榴裙的传说中，还有一个典故。据传天宝年间，文官众臣因唐明皇之令，凡见到杨贵妃须行跪拜礼，而杨贵妃平日又喜欢穿着石榴裙，于是"跪拜在石榴裙下"成为了崇拜敬慕女性的俗语。

除了石榴裙外，由于红裙可用茜草浸染，故也称"茜裙"[7]。此外，绿色之裙也

---

[1]（唐）张谓：《赠赵使君美人》，《全唐诗》卷一九七，中华书局，1979年，2022页。

[2]（唐）武则天：《如意娘》，《全唐诗》卷五，中华书局，1979年，59页。

[3]（唐）元稹：《樱桃花》，《全唐诗》卷四二二，中华书局，1979年，4638页。

[4]（唐）杜甫：《陪诸贵公子丈八沟携妓纳凉晚际遇雨》，《全唐诗》卷二二四，中华书局，1979年，2400页。

[5]（唐）万楚：《五日观妓》，《全唐诗》卷一四五，中华书局，1979年，1469页。

[6]（唐）白居易：《和春深二十首》，《全唐诗》卷四四九，中华书局，1979年，5065页。

[7]"黄陵女儿茜裙新"，参见（唐）李群玉：《黄陵庙（一作李远诗）》，《全唐诗》卷五七零，中华书局，1979年，6610页；"茜裙二八采莲去"，参见（唐）李中：《溪边吟》，《全唐诗》卷七四八，中华书局，1979年，8515页。

深受妇女的青睐,时有"碧纱裙"[1]、"翠裙"[2]或"翡翠裙"[3]之称,实物如阿斯塔那墓出土唐代宝相花印花绢褶裙(图4-7)。此外,西安王家坟出土唐三彩女乐俑,上身穿半露胸式窄袖小衫和半臂,下身穿高腰十字瑞花条纹绿色锦裙(图4-8)。

除了单色长裙,唐代还流行以两种以上颜色的布帛间隔相拼的多褶长裙,时称"间裙"或"间色裙"。《旧唐书·高宗本纪》载:"其异色绫锦,并花间裙衣等,靡费既广,俱害女工。天后,我之匹敌,常着七破间裙,……"[4]所谓"七破",即指裙上被剖成七道,以间他色,拼缝而成。除了"七破",奢侈者可达"十二破"之多[5]。可以理解,整条裙子破数愈多,相间的布条就愈窄,反之则阔。其形象如西安昭陵唐墓壁画中身穿间色裙的唐代女性形象(图4-9)。

在唐代女裙中,最为奢华的当属百鸟裙。它是采集百鸟的羽毛,由宫中尚衣局组织工匠精制而成。据记载,安乐公主生活奢靡,衣饰花样百出。唐中宗派军队到岭南捕鸟,收集百鸟的羽毛织造了两件裙子。裙子从正面、侧面,亮处、暗处观看,颜色都不一样,为织造百鸟裙,许多鸟因此灭绝,竟然引发了一场生态灾难。

---

[1] "白妆素袖碧纱裙",参见(唐)白居易:《江岸梨花》,《全唐诗》卷四三七,中华书局,1979年,4851页。

[2] "斑斑点翠裙",参见(唐)卢仝:《感秋别怨》,《全唐诗》卷三八七,中华书局,1979年,4372页。

[3] "宝钿香蛾翡翠裙",参见(唐)戎昱:《送零陵妓》,《全唐诗》卷二七零,中华书局,1979年,3022页。

[4] (后晋)刘昫等:《旧唐书》,中华书局,1975年,107页。

[5] "凡褠色衣不过十二破,浑色衣不过六破。"参见(宋)欧阳修等:《新唐书》,中华书局,1975年,530页。

（上左）图 4-7 唐代宝相花印花绢褶裙（吐鲁番
阿斯塔那古墓出土《中国美术全集·印染织绣》）

（上右）图 4-8 唐三彩女乐俑（西安王家坟）

（下）图 4-9 背向女侍图（西安昭陵唐墓壁画）

三、迎风帔子郁金香

> 珠莹光文履，花明隐绣栊。宝钗行彩凤，罗帔掩丹虹。[1]

帔，从巾，皮声。古代女性披在肩背上的服饰。帔，也称帔子。唐代张鷟《游仙窟》诗云："迎风帔子郁金香，照日裙裾石榴色。"[2] 帔一般用纱、罗等轻薄织物做成，"罗帔掩丹虹"就是指用罗做成的帔。

通过分析图像资料可知，帔帛最初并不长，到了唐代才开始变得越来越长，最终成为一条飘带，加之材料轻薄，便形成了造型婉转流畅、富于韵律动感的形态，充分体现了中国传统造型艺术的精髓内涵。一般而言，帔的颜色多为红色，故古人也称帔为"红帔"。

据记载，帔始自秦代，秦始皇曾令宫女们披浅黄银泥飞云帔。在魏晋时期，儒学统治地位的动摇，为外来佛教的传播提供了空间。佛禅关注的是心性精神的境界升华，因而形成了一种高度夸张、理想化的审美情趣，这促成了披帔的流行。披帔的人物形象在敦煌壁画中已有大量反映。壁画中的帔帛与服饰相互映衬，动静相宜，虚实结合，给观者以如仙似幻的视觉效果。这与简文帝等人所作诗文的描绘基本一致。

入隋以后，帔子的使用日益广泛，陕西省西安市出土隋彩绘女俑（图4-10），左边女俑梳单刀翻髻，右边女俑梳双刀半翻髻，身穿小袖衫、高腰裙，肩披帔子。至唐代，帔子盛行于后宫，并以绘绣花卉纹样区分等级。据《中华古今注》记载，

---

[1]（唐）元稹：《会真诗三十韵》，《全唐诗》卷二二，中华书局，1979年，4644页。

[2]（唐）张文成撰，李时人、詹绪左校注：《游仙窟校注》，中华书局，2010年，328页。

玄宗开元年间，诏令后宫二十七世妇和宝林、御女、良人等，在参加后廷宴会时，披有图案的帔帛。[1]《三才图会》也记载："披帛始于秦，帔始于晋也。唐令三妃以下通服之。士庶女子在室搭披帛。"[2]

从形象资料看，帔帛的结构形制大约有两种："一种横幅较宽，但长度较短，使用时披于肩上，形成不同的造型。另一种帔帛横幅较窄，但长度却达两米以上，妇女平时用时，多将其缠绕于双臂，走起路来，酷似两条飘带。"[3] 其穿戴方式主要有三种：第一种，披在肩臂的带状帔帛，使用时缠于手臂，走起路来，随风飘

图 4-10 隋代彩绘女俑
（西安）

---

[1] "女人披帛，古无期制，开元中，诏令二十七世妇及宝林、御女、良人等，寻常宴参侍令，披画披帛，至今然矣。"参见（五代）马缟：《中华古今注》卷中，中华书局，1986年，21页。

[2]（明）王圻、王思义编集：《三才图会》，上海古籍出版社，1988年，1538页。

[3] 李波：《唐代墓室壁画女性披帛围系法研究》，《2006年当代艺术与批评理论研讨会论文集》，2006年，120—129页。

图 4-11《捣练图》中女性身披帔帛的形象（唐 张萱）

图 4-12《宫乐图》(唐　佚名，台北故宫博物院藏)

荡，如《簪花仕女图》、《挥扇仕女图》、《捣练图》（图4-11）和《宫乐图》（图4-12）中的人物；第二种，布幅较宽，中部披在肩头，两端垂于胸前，如永泰公主墓壁画、山西太原金胜村墓壁画、《步辇图》中的侍女就是将帔帛围搭于肩上，垂吊于肘内侧；第三种，到了晚唐五代，流行将帔帛和大袖衣搭配，中间在身前，两端在身后或手臂外侧绕搭的形式。

四、丛头鞋子红编细

　　春来新插翠云钗，尚著云头踏殿鞋。欲得君王回一顾，争扶玉辇下金阶。[1]

唐代女子足服流行鞋尖上耸一片的高墙履，也流行上部再加重叠山状的重台履，如"丛梳百叶髻，金蹙重台屦"[2]。重台履的形状或圆，或方，或尖，或云形，或花形，或分为数瓣，或增至数层（图4-13），形象在吴道子绘《送子天王图》（图

图 4-13 各种形状的重台履

---

[1] （唐）王涯：《宫词三十首（存二十七首）》之一，《全唐诗》卷三四六，中华书局，1979年，3877页。

[2] （唐）元稹：《梦游春七十韵》，《全唐诗》卷四二二，中华书局，1979年，4635页。

4-14）、西安昭陵唐墓壁画（图4-15）和吐鲁番阿斯塔那张礼臣墓出土的舞女绢画（图4-16）中都出现过。实物如新疆出土高墙履绢鞋（图4-17）和阿斯塔那27号墓出土唐代翘头蓝绢鞋（图4-18）。后者鞋长24.5厘米，高11.2厘米，底长21.5厘米，底面糊有一层白纸，宽6.9厘米，帮高2.8厘米，鞋口宽8厘米，鞋的尖头部分由顶至底部饰有一道白绢宽带纹。在鞋底部，横向地穿有两眼，从中穿出一根麻绳，为系绳，用以绑缚脚。在唐代，重台履也称丛头鞋子，如"丛头鞋子红编细，裙窣金丝"[1]。

除了鞋尖上耸的重台履，唐代还流行鞋尖相对平缓的云头履。其实物如吐鲁番阿斯塔那381号墓出土唐代变体宝相花纹云头锦履（图4-19）。该锦履长29.7厘米，宽8.8厘米，高8.3厘米。履面锦为浅棕色斜纹面，由棕、朱红、宝蓝色线起斜纹，变体宝相花处于鞋面中心位置，履首以同色锦扎起翻卷的云头，内蓄棕草，鞋头高高翘起并向内翻卷，形似卷云，极为绚丽。该履使用了三种锦料，充分显示了唐代中期织锦、配色、显花三者结合的精湛工艺。履上的变体宝相花纹、大团花纹、禽鸟卷云、瑞草散花以及山石远树组成的"吉祥"图案，形象地反映了唐代丝织纹样对汉代以来传统纹样的继承、发展以及吸收、融合外来纹样的艺术风格，而这正是唐代开放包容的时代背景下，文化交流融合、创新发展的社会历史写照。[2]西安王家坟出土唐三彩女乐俑脚上穿的就是这种鞋（参见图4-8）。

就其功能而言，鞋尖上翘不仅具有装饰功能，还具有一定实用性。首先，鞋头露于衫裙之外，既可免前襟挡脚，又可作为装饰，可谓一举两得。中国古代男

---

[1]（唐）和凝：《采桑子》，《全唐诗》卷八九三，中华书局，1979年，10091页。

[2] 贾玺增：《中国古代的足服》，《紫禁城》2013年第8期，第44页。

（左）图 4-14《送子天王图》（唐 吴道子）

（中）图 4-15 脚穿重台履的侍女（西安昭陵唐墓壁画）

（右）图 4-16 舞女绢画（吐鲁番阿斯塔那张礼臣墓）

（左）图 4-17 唐代高墙履绢鞋（新疆）

（中）图 4-18 唐代翘头蓝绢鞋（吐鲁番阿斯塔那 27 号墓）

（右）图 4-19 唐代变体宝相花纹云头锦履（吐鲁番阿斯塔那 381 号墓）

女服饰皆以裙袍为主体，高翘的鞋头可以承载长裙下摆，避免踩踏而便于行走。通过观察三星堆青铜立人像和安阳殷墟墓园石雕人像可知，在服装衣摆尚未及地时，鞋尖也并未起翘。衣摆下降是为了增强服饰的礼仪性，而鞋尖上翘则是出于服饰的功能性需要。其次，鞋翘一般与鞋底相接，而鞋底牢度大大优于鞋面，可延长鞋饰寿命。最后，鞋尖上翘或许与中国古人尊崇上天的信仰有关。这与建筑的顶角上翘或许有相同的原因。

第二节 胡服与戎装

唐代是中国封建社会的极盛时期。唐政府采取开放政策，经济繁荣，文化昌盛，睦邻友邦，对外交往频繁，兼收并蓄异域文化。在这样的社会背景下，唐代女性的社会与文化生活呈现出一种空前绝后的开放态势。唐中期，西域文化大规模传入。在开元天宝年间，妇女们或女效男装，穿圆领袍，头裹幞头；或学胡服，多穿翻领窄袖袍，头戴胡帽。二者均系蹀躞带，足蹬乌皮靴。

一、女为胡妇学胡妆

唐中期，汉胡文化大融合，胡舞盛行。[1] 从对胡舞的崇尚，发展到对胡服的

---

[1] 在众多的胡舞之中，有四种舞蹈流传比较广泛，一说为胡旋舞、胡腾舞、柘枝舞和浑脱舞。

模仿，从而出现了"女为胡妇学胡妆"[1] 的现象。贞观年间（627—649 年），长安金城坊富家被胡人劫持，案件经久未破。雍州长史杨纂提出将京城各坊市中的胡人都抓起来讯问，但是司法参军尹伊认为牵扯不宜太广，称："贼出万端，诈伪非一，亦有胡着汉帽，汉着胡帽，亦须汉里兼求，不得胡中直觅。"[2]

唐代女子的胡服，不同于男子。男子的胡服，除袴褶外，多是与汉民族服式相结合而形成的一种"胡化"了的新装；而女子的胡服则多直接接受胡人的服饰，不再加以改变。这集中表现在冪䍦、帷帽、胡帽和回鹘装的流行上。唐代女子骑马之风盛行，因此，适宜骑马的冪䍦、帷帽便成为女子骑马时的特定装束。[3]

据《隋书·地理志下》记载，豫章郡的官僚地主家"多有数妇，暴面市廛，竞分铢以给其夫"[4]。由此可知，隋代的中原汉族女性还没有遮面的习惯，但在西域一些地区，人们为了遮蔽路上的扬尘，一般会用纱罗制成的轻薄透明的大幅方巾来障蔽全身，如《隋书·附国传》记附国之俗"以皮为帽，形圆如钵，或带冪䍦"[5]，同书《吐谷浑传》则记当地"其王公贵人多戴冪䍦"[6]。

唐初，中原女性也有骑马远行时戴防风沙的冪䍦的风气了。这正符合中国传统文化要求女性"出门掩面"的封建礼俗。据《旧唐书·舆服志》记载："武德、贞观之时，宫人骑马者，依齐、隋旧制，多着冪䍦。虽发自戎夷，而全身障

[1]（唐）元稹：《和李校书新题乐府十二首·法曲》，《全唐诗》卷四一九，中华书局，1979 年，4618 页。

[2]（唐）刘肃：《大唐新语》卷九《从善》，中华书局，1986 年，138 页。

[3] 陈君慧：《中国全史·隋唐五代习俗史》，大众文艺出版社，2011 年，24 页。

[4]（唐）魏徵等：《隋书》，中华书局，2008 年，第 887 页。

[5]（唐）魏徵等：《隋书》，中华书局，2008 年，第 1858 页。

[6]（唐）魏徵等：《隋书》，中华书局，2008 年，第 1842 页。

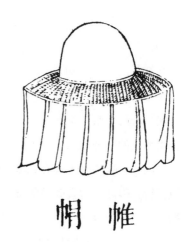

帽帷

（左）图4-20《树下人物图》中妇人头上戴着羃
羅（唐 佚名 现藏于日本东京国立博物馆）

（右）图4-21 帷帽图示（明《三才图会》）

蔽，不欲途路窥之。王公之家，亦同此制。"[1] 由此得知，唐朝初年，宫中及贵族
妇女骑马皆着羃羅。日本东京国立博物馆收藏的一幅唐人绘画《树下人物图》对
此有所反映（图4-20）。图中一位妇女，左手高举，正在脱卸蒙在头上的羃羅。该
羃羅左右两边各缀一根飘带，在脸面部位，还开有一个露出眼鼻的开口。

永徽年间（650—655年），随着社会风气的开放，人们使用一种"托裙到颈，
渐为浅露"的帷帽，逐渐代替羃羅。据《旧唐书·舆服志》记载，高宗认为这样

[1]（后晋）刘昫等：《旧唐书》，中华书局，1975年，1957页。

有伤风化，于是下敕禁止："比来多着帷帽，遂弃羃䍦，曾不乘车，别坐檐子。递相仿效，浸成风俗，过为轻率，深失礼容。……此并乖于仪式，理须禁断，自今已后，勿使更然。"[1]禁令并没有起到作用。至天宝年间（742—756年），妇女头戴帷帽已成为一时风尚。其实，帷帽是一种在席帽帽檐周围加缀一层面纱的改良首服，戴它也可起到障蔽作用。

阿斯塔那唐墓出土的彩绘陶俑中有戴帷帽的妇女形象，其中一尊骑马女俑（参见图4-2）的帷帽用泥制，外表涂黑，以方孔纱作帷，帷裙垂至脸颊。帽体高耸，呈方形，顶部拱起，底部周围平出帽檐。纱帷连于帽檐两侧及后部边檐。帷帽帽体当用皮革、毛毡或竹藤编织，外覆黑色纱罗等物。该俑所戴帷帽四周的纱网"帷裙"保存完好，为我们了解唐代的帷帽形制提供了重要的实物依据。

从造型上比对，羃䍦与帷帽略有不同：前者为尖顶，后者为平顶；前者长度及胸，后者仅垂至脸颊。帷帽的使用一直沿用至明代，《三才图会》中就有图示（图4-21）。

除了帷帽，此时还流行一种从西域地区传至中原的笠帽。它是以竹篾为骨架，外蒙布帛，再抹以桐油，时称"油帽"，又称为"苏幕遮"，或作"苏摩遮"。男女出行时皆可戴之，可御雨雪。唐钱起《咏白油帽送客》云："薄质惭加首，愁阴幸庇身。卷舒无定日，行止必依人。"[2]《宋史·高昌》载："高昌即西州也。……俗好骑射。妇人戴油帽，谓之苏幕遮。"[3]

与羃䍦和帷帽相比，胡帽在中原地区流行并成为一时风尚的时间相对较晚。胡帽又称"蕃帽"，主要是指唐代及之前由西北或北方传入并在中原地域流行的

---

[1]（后晋）刘昫等：《旧唐书》，中华书局，1975年，1957页。

[2]（唐）钱起：《咏白油帽送客》，《全唐诗》卷三二七，上海古籍出版社，1986年影印本，593页。

[3]（元）脱脱等：《宋史》，中华书局，1988年，1411页。

皮帽或毡帽。原属西域的胡帽至唐代尤为盛行，珠帽、绣帽、搭耳帽、浑脱帽、卷帘虚帽等都可归为胡帽。其特点是帽子顶部尖而中空，刘言史《王中丞宅夜观舞胡腾》诗云："石国胡儿人见少，蹲舞尊前急如鸟。织成蕃帽虚顶尖，细氎胡衫双袖小。"[1] 张祜《观杨瑗柘枝》诗称："促叠蛮鼙引柘枝，卷帘虚帽带交垂。紫罗衫宛蹲身处，红锦靴柔踏节时。"[2] 诗中所说的"卷帘虚帽"就是一种男女通用的胡帽，用锦、毡、皮缝合而成，顶部高耸，帽檐部分向上翻卷。陕西省咸阳边防村出土彩绘翻领胡服女俑（图4-22）头上戴的就是卷帘虚帽。

胡帽是继帷帽之后盛唐妇女骑马时所戴的一种帽子。它比起"全身障蔽"的

图4-22 唐代彩绘翻领胡服
女俑（咸阳边防村）

[1]（唐）刘言史：《王中丞宅夜观舞胡腾》，《全唐诗》卷四六八，中华书局，1979年，5324页。

[2]（唐）张祜：《观杨瑗柘枝》，《全唐诗》卷五一一，中华书局，1979年，5827页。

羃䍦和将面部"浅露"于外的帷帽更加"解放"了，使得女性"靓妆露面，无复障蔽"。从羃䍦到帷帽，再到胡帽的发展，是妇女服饰史的进步，反映了唐代社会的开放的风尚。[1]

二、军装宫妓扫蛾浅

东方风来满眼春，花城柳暗愁几人。复宫深殿竹风起，新翠舞襟静如水。光风转蕙百余里，暖雾驱云扑天地。军装宫妓扫蛾浅，摇摇锦旗夹城暖。曲水飘香去不归，梨花落尽成秋苑。[2]

少陵野老吞声哭，春日潜行曲江曲。江头宫殿锁千门，细柳新蒲为谁绿。忆昔霓旌下南苑，苑中万物生颜色。昭阳殿里第一人，同辇随君侍君侧。辇前才人带弓箭，白马嚼啮黄金勒。翻身向天仰射云，一箭正坠双飞翼。明眸皓齿今何在，血污游魂归不得。清渭东流剑阁深，去住彼此无消息。人生有情泪沾臆，江水江花岂终极。黄昏胡骑尘满城，欲往城南忘南北。[3]

楼下公孙昔擅场，空教女子爱军装。潼关一败吴儿喜，簇马骊山看御汤。[4]

———

[1] 陈君慧：《中国全史·隋唐五代习俗史》，大众文艺出版社，2011年，25页。

[2]（唐）李贺：《三月》，《全唐诗》卷二八，中华书局，1979年，412页。

[3]（唐）杜甫：《哀江头》，《全唐诗》卷二一六，中华书局，1979年，2268页。

[4]（唐）司空图：《剑器》，《全唐诗》卷六三三，中华书局，1979年，7268页。

诗中"军装宫妓扫蛾浅"、"辇前才人带弓箭"、"空教女子爱军装"都是诗人对唐代宫中女子"女效男装"现象的描写。

中国传统礼教不仅强调男尊女卑，还强调男女之别。《礼记·内则》："男不言内，女不言外，非祭非丧，不相授器。……外内不共井，不共湢浴，不通寝席，不通乞假。男女不通衣裳。"[1] 当然，这种区别既体现在男女所处的不同社会等级上，还体现在男女服饰着装明显的区别上。从周代开始，命妇礼服"六服皆袍制"，以象征女德专一；日常服饰则为上襦下裳的形式。

在唐代以前，男女之间在服饰和服制上有着不可逾越的界限。"女效男装"被视为离经叛道，为社会制度和礼仪规范所不容。与受传统礼教束缚的农耕文化不同，北方游牧民族放牧狩猎，逐水草而居，女性服饰与男性几乎无异。唐代社会环境开放革新，人们审美追求新异，唐代女性的社会生活也具有了更为广阔的天地，女性服饰也摆脱了传统礼教的束缚。她们跃马扬鞭，或着戎装，或着胡服，与传统的女性服饰风格形成鲜明对比。

"女效男装"现象，在初唐时就已初现端倪。《新唐书·五行志》记载："高宗尝内宴，太平公主紫衫、玉带、皂罗折上巾，具纷砺七事，歌舞于帝前。帝与武后笑曰：'女子不可为武官，何为此装束？'"[2] 可见，太平公主就曾着男装。到了中晚唐，贵族妇女也常穿男装出行。据《旧唐书·舆服志》记载，开元初年，妇女多"有着丈夫衣服靴衫"[3] 的情况。从图像资料看，所谓"着丈夫衣服靴衫"，是指妇女头戴幞头，身穿圆领袍衫，足蹬革靴，矫健英武地跃马扬鞭，参加打球、

---

[1] 张树国点注：《中华传世经典阅读：礼记》内则第十二，青岛出版社，2009年，123页。

[2]（宋）欧阳修等：《新唐书》，中华书局，1975年，878页。

[3]（后晋）刘昫等：《旧唐书》，中华书局，1975年，1957页。

（左）图4-23 身着男装的侍女（西安昭陵唐墓壁画）

（右）图4-24《挥扇仕女图》中靓妆露面、无复障蔽的女子（唐 周昉）

射猎等活动。据记载，武宗时王才人因穿着与武宗同样的衣服，而常被奏事者误认为皇帝。女子穿戎装，于秀美俏丽之中，别具一种英姿飒爽的气质。其形象如西安昭陵唐墓壁画中的身穿男装的侍女（图4-23）。《中华古今注》记："至天宝年中，士人之妻着丈夫靴、衫、鞭、帽，内外一体也。"[1]《虢国夫人游春图》和《挥扇仕女图》（图4-24）中皆有这种女着男装的女子。后来，女着男装逐渐传播并普及到民间，深受广大女子的喜爱。[2] 这符合了时尚流行的"上行下效"的传播规律。

---

[1]（五代）马编：《中华古今注》卷中，中华书局，1986年，12页。

[2]"天宝中，士流之妻，或衣丈夫服，靴衫鞭帽，内外一贯矣。"参见（唐）刘肃：《大唐新语》卷十，中华书局，1984年，151页。

三、银鸾睒光踏半臂

头玉硗硗眉刷翠，杜郎生得真男子。骨重神寒天庙器，一双瞳人剪秋水。
竹马梢梢摇绿尾，银鸾睒光踏半臂。东家娇娘求对值，浓笑书空作唐字。眼大
心雄知所以，莫忘作歌人姓李。[1]

"银鸾睒光踏半臂"描写了一袭装饰银泥鸾鸟纹的"半臂"。半臂，又称半袖，
为短袖上衣。《释名·释衣服》："半袖，其袂半襦而施袖也。"[2] 由此可知，半臂
是短袖的襦服。其形制从出土的实物来看，一般为短袖，长度与腰齐，以小带子
当胸系住，唐人一般称之为"半袖"。《新唐书·车服志》记载："半袖裙襦者，
东宫女史常供奉之服也。"[3] 可见，"半袖裙襦"是当时明文规定的宫中女史的制服。
永泰公主墓壁画中的侍女，其地位当和女史相近，所着"半臂"长裙的套装也应
当是符合当时宫中规定的。[4]

隋代以前，半臂是套在长袖衣外面的一种常服，不能在正式场合穿用。据史
料记载，魏明帝曾戴绣帽、披半袖接见大臣，被人指责不合礼仪。[5] 从隋代起，
妇女穿半袖者日益增多，先为宫中内官、女史所服。唐高祖李渊将长袖衣剪成短
袖半臂，引得世人竞相穿着。一度文官上朝时要加半臂于外，以此作为区别于武

---

[1]（唐）李贺：《唐儿歌》，《全唐诗》卷三九零，中华书局，1979 年，4396 页。

[2]（东汉）刘熙撰，（清）毕沅疏证，王先谦补：《释名疏证补》，中华书局，2008 年，258 页。

[3]（宋）欧阳修等：《新唐书》，中华书局，1975 年，523 页。

[4] 陈超群：《试论唐代的半臂》，复旦大学博士学位论文，2005 年，17 页。

[5]"魏明帝着绣帽，披缥纨半袖，尝以见直臣。杨阜谏曰：'此礼何法服邪！'帝默然。"参见（唐）房玄龄等：
《晋书》第三册，卷二十七，中华书局，1975 年，822 页。

将的一个标志。后逐渐由宫廷流传至民间，成了普通妇女的常服。韩琮《公子行》云："紫袖长衫色，银蝉半臂花。"[1]

唐代男女式半臂长短不同。女子半臂的袖长在肘部之上，身长及腰；而男子的半臂却长至腰部以下。唐代女子半臂有与现代 T 恤相似的紧身袒胸、露臂套头的式样，也有用小带子当胸系住的对襟翻领或无领的式样。前者如阿斯塔那唐墓出土的女骑俑（参见图4-2），该女子身穿 U 字领紧身半臂及窄袖小衫[2]；后者带子结复杂者多打成"同心结"。就相关资料看，唐代女性在穿用半臂时，往往与襦和高腰长裙搭配穿着，而且多数情况下还习惯将半臂罩在衫、裙之外。

中唐以后，半臂的穿用日趋少见。原因在于初唐女装流行窄身小袖、紧贴身体的式样，这种造型正适合穿着半臂；而盛唐流行博衣大袖的式样，因而不再适合再于外面套穿窄小的半臂了。

四、移步锦靴空绰约

柘枝初出鼓声招，花钿罗衫耸细腰。移步锦靴空绰约，迎风绣帽动飘飘。亚身踏节鸾形转，背面羞人凤影娇。只恐相公看未足，便随风雨上青霄。[3]

中原传统汉服的鞋类无论质料，多为低帮浅鞋；而西域或北方游牧民族的鞋多具高筒。战国时期，靴主要为军人使用，并没有在民间普遍使用。秦时只有骑

---

[1]（唐）韩琮：《公子行》，《全唐诗》卷五六五，中华书局，1979 年，6551 页。

[2] 徐颂列：《唐代的襦、半臂与裲裆考》，《浙江学刊》2005 年第 1 期。

[3]（唐）章孝标：《柘枝》，《全唐诗》卷五百六，中华书局，1979 年，5755 页。

图 4-25 瓷靴（河南安阳桥村隋墓）

兵和少数铠甲扁髻步兵穿靴，从考古发现的材料看，大部分将俑和兵俑都用行縢着履而没有着靴。自南北朝以来，随着大量北方民族涌入中原地区，其服饰因素也一同进入中原。此时无论官民都普遍穿靴，但除军用外，正式场合穿靴则为非礼。《南史·周石珍传》记载，梁中书舍人严立"宣学北人着靴上殿，无肃恭之礼"[1]。

隋朝已对舄、履的使用进行了规定。《隋书·礼仪志七》记载："凡舄，唯冕服及具服着之，履则诸服皆用。唯褶服以靴。"[2]《新唐书·车服志》记载："初，隋文帝听朝之服，以赭黄文绫袍，乌纱帽，折上巾，六合靴，与贵臣通服。"[3]《大唐新语·厘革》也记："隋代帝王贵臣，多服黄纹绫袍，乌纱帽，九环带，乌皮六合靴，百官常服，同于走庶，皆着黄袍及衫，出入殿省。"[4] 从出土隋人物俑的形象来看，足上所穿皆为乌皮靴。唐承隋旧制，无论高低贵贱均可穿靴。其式样如河南安阳桥村隋墓出土瓷靴（图4-25）。据两唐书记载，在官服体系中，靴主要

[1]（唐）李延寿：《南史》，中华书局，1975 年，1936 页。

[2]（唐）魏徵等：《隋书》，中华书局，1975 年，276 页。

[3]（宋）欧阳修等：《新唐书》，中华书局，1975 年，527 页。

[4]（唐）刘肃：《大唐新语》卷十，中华书局，1986 年，148 页。

与常服折上巾、袍、带及平巾帻、袴褶服配用。[1] 如果官员上朝不服带、靴，则为非礼。[2]

唐中期，胡风流行，上层社会女性也流行穿软底镂空锦靴。它与翻领、小袖、齐膝的袍服及间色裤配套穿用，成为中国服饰发展史上最独特的"女效男装"的风貌。《中华古今注》记载，唐代宗大历二年（767 年），曾令"宫人锦勒靴侍于左右"[3]。此外，歌舞者、乘骑妇女亦着靴，"吴姬十五细马驮，青黛画眉红锦靴"[4] 就是对妇女着靴的描写。唐墓壁画侍女图中也有身穿男子袍、足登靴子的女子形象（图 4-26）。实物如新疆尉犁县营盘出土刺绣彩绘纹饰锦靴（图 4-27）。该靴底为皮革，靴面为麻布质地，色彩为赤、青、黑。其上绣云彩纹样与 C 形纹样，好似云朵飞腾。为保暖御寒，靴内里为柔软轻薄的毛织物，显得厚实、温暖。

此外，唐代还流行线靴。《旧唐书·舆服志》记载："武德来，妇人着履，规制亦重，又有线靴。开元来，妇人例着线鞋，取轻妙便于事……"[5] 虽然唐代线

[1]《旧唐书·舆服志》记载，唐承隋旧制，"其常服，赤黄袍衫，折上头巾，九环带，六合靴"，参见（后晋）刘昫等：《旧唐书》，中华书局，1975 年，1938 页；"其折上巾，乌皮六合靴，贵贱通用"，参见（后晋）刘昫等：《旧唐书》，中华书局，1975 年，1952 页。

[2]《旧唐书·酷吏列传上》记载，雍州长安人来子珣，"永昌元年四月，以上书陈事，除左台监察御史。时朝士有不带靴而朝者，子殉弹之……"参见（后晋）刘昫等：《旧唐书》，中华书局，1975 年，4846 页。《旧唐书·舆服志》记载唐袴褶服亦用靴："平巾帻，簪箪导，冠支，五品以上紫褶，六品以下绯褶，加两裆螣蛇，并白袴、起梁带。靴，武官及卫官陪立大仗则服之。若文官乘马，亦通服之。"参见（后晋）刘昫等：《旧唐书》，中华书局，1975 年，1945 页。《新唐书·车服志》："平巾帻者，乘马之服也。金饰，玉簪导，冠支以玉，紫褶、白袴，玉具装，珠宝钿带，有靴。"参见（宋）欧阳修等：《新唐书》，中华书局，1975 年，516 页。

[3]（五代）马缟：《中华古今注》卷中，中华书局，1986 年，14 页。

[4]（唐）李白：《对酒》，《全唐诗》卷一八四，中华书局，1979 年，1881 页。

[5]（后晋）刘昫等：《旧唐书》，中华书局，1979 年，1958 页。

靴实物尚未见到，但我们可以通过阿斯塔那唐墓葬出土的一双麻线鞋实物来了解一二（图4-28）。该物用粗麻绳编织成厚底，再用细麻绳编织成鞋面，编织结实，精美耐用，结构巧妙，透气性好。

第三节 云鬓与梳子

梳妆打扮，对从古至今的女性而言都是一个永恒的话题。唐朝美女的精致与奢华生活，在梳妆打扮上体现得异常充分。无论是上流社会的贵妇，还是普通人家的妻女，都喜欢梳高髻，簪插发梳，呈现出一派婀娜富贵、精致动人的风尚。

一、云鬓半垂新睡觉

唐代经济繁荣，文化发达，妇女的发式造型之多、名称之美是前所未有的。唐代妇女的发型主要分为三大类：髻、鬟、鬓。

髻是一种盘在头顶或脑后的发结。据史书记载，唐代妇女广为流行的发髻有二三十种，如乐游髻、归顺髻、百合髻、愁来髻、盘桓髻、惊鹄髻、抛家髻、长乐髻、高髻、义髻、锥髻、囚髻、坠马髻、闹扫妆髻等。

总体看来，初唐时女子发髻沿袭前朝旧式，式样变化较少，多做平顶式，将发髻分成二至三层，层层堆上，顶部大多呈朵云形。至太宗时，发髻渐高，形式日益丰富，有高髻、乐游髻、半翻髻等髻式。半翻髻一般呈单片、双片刀型（参见图4-9），直竖发顶。开元年间，普通妇女中还流行"回鹘髻"，比起先前的髻式

（左）图 4-26 躬身施礼男装侍女图（西安昭陵唐墓壁画）

（右上）图 4-27 唐代刺绣彩绘纹饰锦靴（新疆尉犁县营盘古墓）

（右下）图 4-28 唐代麻线鞋（吐鲁番阿斯塔那唐墓）

略低，外出则戴浑脱帽（即胡帽）。天宝以后，胡帽渐废，贵妇间流行假髻，多数妇女则梳成两鬓抱面的样式。

鬟是一种环状而又中空的发髻，有云鬟、高鬟、短鬟、双鬟、垂鬟等。鬟多为年轻女人梳着，中年人以双鬟为多，其形象如湖北武昌唐墓出土陶俑梳双环望仙髻的形象（图 4-29），其梳理方式如图 4-30 所示。

耳旁的鬓和不同发髻式样联系在一起，形成了一种鬓饰，如蝉鬓、云鬓、雪鬓、轻鬓、圆鬓。在发髻之上还配有各种金玉簪钗、犀角梳篦，作为装饰，或插或戴。

二、归来别赐一头梳

唐代中后期，女性们盘梳高髻之风导致插梳风尚的流行。最初，女性们在髻前单插一梳，梳上錾刻精致绝美的花朵纹样。之后所插发梳的数量逐渐增加，以两把梳子为一组，上下相对而插。到了晚唐，妇女盛装时，出现了在髻前及其两侧共插三组的情况。"玉蝉金雀三层插，翠髻高丛绿鬓虚。舞处春风吹落地，归来别赐一头梳"[1] 形象地描绘出唐代女性发髻的优美造型及发髻上簪钗和发梳的复杂程度。在《捣练图》中就有女性的发髻上插数把发梳的形象（图 4-31）。实物如香港大学美术博物馆梦蝶轩藏唐代鎏金花卉纹银梳（图 4-32）。

唐代还流行一种套于梳齿背面、只有手指大小的金梳背。实物如西安市南郊何家村出土的唐代金筐宝钿卷草纹金梳背（图 4-33）。它高 1.7 厘米，长 7.2 厘米，

---

[1]（唐）王建：《宫词》，《全唐诗》卷三零二，中华书局，1979 年，3443 页。

图 4-29 陶俑 梳双环望仙髻
（湖北武昌唐墓）

图 4-30 唐代女性双环髻的梳理方式

厚 0.05 厘米，重 3 克。为半圆形，在指头大的梳背上，将细如发丝的金线掐制成卷草、梅花形状焊接在梳背的两面，周边还镶嵌一圈直径 0.5 毫米如针尖般大小的金珠。无论是金丝，还是金珠，焊口平直，结实牢固，堪称中国古代掐丝和炸珠焊接工艺的伟大杰作。

　　五代至宋朝延续了唐人梳饰满头的风习。五代的不少画作如《父母恩重经变相妇人供养者像》、《曹元忠夫人供养像》都描绘了盛装女子满头插梳的形象，更有甚者在发髻后方还插有一把雕花大梳。而在约成于唐末五代至北宋年间的绢本绘画《宫乐图》中，后宫女子都插上了新月形梳。

图 4-31《捣练图》中女性发髻上插着
数把发梳的形象（唐 张萱）

图 4-32 唐代鎏金花卉纹银梳（香港大学美术博物
馆梦蝶轩藏，引自《金翠流芳——梦蝶轩藏中国
古代饰物》）

图 4-33 唐代金筐宝钿卷草纹金梳背（西安南郊何家村，引自《陕西
历史博物馆珍藏金银器》）

第四节 插花与花冠

鲜花被人们用作装饰，起到了美化生活、滋润心灵、娱人感官、撩人情思、寄以心曲的作用。作为世界上拥有花卉种类最为丰富的国家之一，中国古人栽花、养花、赏花、咏花、赞花，乃至簪花的历史也极其悠久丰富。

在隋唐之前，鲜花饰首尚未成为一时风气。隋唐时期，发髻插花之风日渐流行。受到头戴花鬘的佛教人物造型的影响，加上社会统治阶层的推波助澜，簪花成为比较常见与普遍的现象。或许唐人认为只是插花并不尽兴，于是还将冠帽做成花形戴在头上。借花之形做冠是中国传统服饰文化的一个亮点，符合中国古人拟物象形的造物方法，形成了一个无关性别、年龄与身份的集体风尚。

一、满城多少插花人

魏晋时期，统治者的推波助澜，加之佛教文化的影响，使簪花之风在中原地区得以逐步流行。此时，头上簪插花已不再局限于特定节日和特殊目的了。

随着佛教的传入，在魏晋、隋、唐时期的敦煌壁画中，经常可见头戴花鬘的菩萨、飞天、乐伎、舞伎等人物形象。现藏于英国国家博物馆的敦煌出土的绢画《引路菩萨》中被引的贵族女子的高髻上有一金钿，白花、红蕊为菊花状，并插有三个黄色金钗，花的边沿插梳，妆饰华丽（图4-34）。

唐代贵妇簪花形象如敦煌130窟唐都督夫人太原王氏供养人像（图4-35）。该人物作贵族命妇盛装，衣锦绣衣，发髻上簪花数朵；盛唐171窟妇女发髻上也簪

图 4-34《引路菩萨》(敦煌绢画,现藏于英国国家博物馆)

（左）图 4-35 唐代
都督夫人太原王氏供
养人像（敦煌 130 窟
壁画）

（左）图 4-36《弈棋
仕女图》（吐鲁番阿
斯塔那唐墓）

有三支花钿;《弈棋仕女图》中贵妇髻上簪有十瓣绿叶组成的花朵（图4-36）。此外，唐代还出现了簪花于鬓的斗花比赛。这是一种专属于女性的文化活动。《开元天宝遗事》记载："长安王士安于春时斗花，戴插以奇花多者为胜；皆用千金市名花植于庭院中，以备春时之斗也。"[1] 在敦煌地区的民间，人们在春天簪花斗新斗奇也很流行。有敦煌歌词《斗百草》可证：

一、建寺祈谷生，花林摘浮郎。有情离合花，无风独摇草。喜去喜去觅草，

[1]（五代）王仁裕、（唐）姚汝能撰，曾贻芬点校：《开元天宝遗事——唐宋史料笔记》，中华书局，2006年，
49页。

色数莫令少。

　　二、佳丽重阿臣，争花竞斗新。不怕西山白，惟须东海平。喜去喜去觅草，觉走斗花先。

　　三、望春希长乐，商楼对北华。但看结李草，何时怜颉花？喜去喜去觅草，斗罢月归家。

　　四、庭前一株花，芬芳独自好。欲摘问旁人，两两相捻取。喜去喜去觅草，灼灼其花报。[1]

　　唐代初期，女子簪花多从林野中采摘花朵来点缀，绝无矫揉造作之感，如陕西唐李宪墓壁画中仕女发髻上多插一枝或几枝小红花，为乌黑浓密中点一撮鲜色（图 4-37）。又如河南安阳唐代赵逸公墓天井东壁壁画中仕女髻上也都簪花朵，其形象正符合李白《宫中行乐图》中所称"山花插宝髻，石竹绣罗衣"[2]。当牡丹成为"真国色"后[3]，唐人直接将盛大的牡丹花簪于髻顶，显示出一派富贵雍容之气，如《簪花仕女图》中最右侧贵妇头戴一朵硕大盛艳牡丹（参见图 4-1）。在该图中，还有头簪荷花、海棠花与芍药的仕女形象。这些花朵，正与晚唐女性头上乌黑的峨峨高髻形成鲜明的对比。

────

[1] 高国藩：《敦煌曲子词欣赏》，南京大学出版社，2001 年，320 页。

[2] （唐）李白：《宫中行乐图》，《全唐诗》卷二八，中华书局，1979 年，408 页。

[3] "欧公谓，牡丹初不载文字，自则天以后始盛。唐人如沈、宋、元、白之流，皆善咏花，寂无传焉。惟刘梦得有《咏鱼朝恩宅牡丹》一诗，初不言其异，苕溪渔隐引刘梦得、元微之、白乐天数诗，以证欧公之误。且引开元时牡丹事，……唐人未尝不重此花。……《龙城录》载：高宗宴群臣赏双头牡丹，舒元舆序谓'西河精舍有牡丹，天后命移植焉，由是京国日盛'。则知牡丹在唐时，已见于高宗之时。"参见（宋）王楙撰，王文锦点校：《野客丛书》卷五"唐人言牡丹"条，中华书局，1987 年，90 页。

图 4-37 发髻上插花的仕女
（陕西唐李宪墓壁画）

二、花冠不整下堂来

　　除了簪花，唐宋时期还流行花朵形状的花冠。白居易《长恨歌》中有"云鬓半偏新睡觉，花冠不整下堂来"[1]；张说《苏摩遮五首》之二亦有"绣装帕额宝花冠，夷歌骑舞借人看"[2] 的诗句。张鷟《朝野佥载》卷三记载："唐睿宗先天二年正月

[1]（唐）白居易：《长恨歌》，《全唐诗》卷四三五，中华书局，1979 年，4816 页。

[2]（唐）张说：《苏摩遮五首》之二，《全唐诗》卷二八，中华书局，1979 年，415 页。

十五、十六夜……宫女千数，衣绮罗，曳锦绣，耀珠翠，施香粉，一花冠，一巾帔，皆至万钱。"[1] 唐人喜爱牡丹，贵族妇女喜欢用牡丹花作为簪插到发髻之上，借以显示其富贵妖娆和华丽的姿态，其形象如《簪花仕女图》、《宫乐图》和《挥扇仕女图》中的人物。除了牡丹花之外，还插以各种小花作为装饰。

其实，在胡风和女效男装流行以前，唐代女子只有道姑[2]和舞女有戴冠习惯。"碧罗冠子结初成"[3] 中的"碧罗冠子"，只反映出冠的色彩为绿色，而"碧罗冠子簇香莲，结胜双衔利市钱"[4] 又描述了这种冠式有莲花状装饰的特征。在洛阳涧西唐墓出土的高士宴乐纹螺钿镜中，盘座举杯的高士头上就戴着一顶莲花状小冠（图4-38）；《挥扇仕女图》卷首贵妇也戴着一顶白色荷花冠（图4-39）。荷花状冠圈口较高大，可将头顶部整体覆盖。

作为世界上最富强繁荣的帝国，唐朝在历经了初期的社会变动后，无论是物质生产，还是文化建设都达到了惊人的飞跃。唐代女子服饰也在中国古代服饰发展的历史长河中具有极为重要的作用。这个时期所流行的盘髻插梳，插花戴冠，袒胸窄袖短衣，高腰掩乳长裙，帔帛飘飘，高墙锦履等流行元素，都开创了前无古人、后无来者的时代风气。此外，唐朝政府的开放政策和博大胸襟，带来了经济繁荣和广泛的文化融合，绘画、雕刻、音乐、舞蹈等艺术门类都充分吸收外来

---

[1]（唐）张鷟撰，赵守俨点校：《朝野佥载——唐宋史料笔记》卷三，中华书局，1979年，69页。

[2]"……少年艳质胜琼英，早晚别三清。莲冠稳篸钿篦横，飘飘罗袖碧云轻，画难成。……"参见（唐）顾敻：《虞美人》，《全唐诗》卷八九四，中华书局，1979年，10103页。

[3]《敦煌曲子词·柳青娘·倚栏人》："碧罗冠子结初成，肉红衫子石榴裙。故着胭脂轻轻染，淡施檀色注歌唇。含情唤小莺。"参见高国藩：《敦煌曲子词欣赏》，南京大学出版社，2001年，400页。

[4]（唐）和凝：《宫词》，《全唐诗》卷七三五，中华书局，1979年，8393页。

图4-38 高士宴乐纹螺钿铜镜上的高士举杯纹饰（洛阳涧西唐墓）

图4-39《挥扇仕女图》卷首贵妇，头戴白色荷花冠（唐 周昉）

艺术，女性服饰也毫无例外地对西域、吐蕃等异域服饰风尚采取了兼收并蓄的态度，因而"胡服"、"女效男装"等着装风尚，以及"浑脱帽"和"软底锦靴"、"条纹裤"等流行元素得以广泛传播。客观地讲，这些内容虽然本属服饰范畴，但却反映出唐代社会审美风气的变迁以及女性所处社会地位和活动空间的不同。

简约淡泊

宋朝女子服饰时尚

作为一个被定义为风花雪月、亭榭楼台、浅斟低唱的浪漫时代，宋朝女子服饰风尚不仅备受小资白领们的青睐，更被我们这个娱乐至上的时代推崇为美学典范。

宋代城市经济发达、商业繁盛，街市上行人川流不息，茶坊、酒肆、庙宇鳞次栉比，热闹缤纷。据《西湖老人繁胜录》记载，宋代城市里不但有专门从事缝纫的作坊和技人，还有各种与服装相关的商行店铺。例如，在北宋汴京（今河南开封）与服装有关的行业有衣行、帽行、穿珠行、接绢行、领抹行、钗朵行、纽扣行及修冠子、染梳行、洗衣行等几十种之多。又如，南宋临安（今浙江杭州）有丝锦市、生帛市、桃冠市、故衣市、衣绢市、洗衣行、彩帛铺、绒线铺等不下百计。汴京、临安等地还有剪刀、扎熨斗和制针作坊。南宋吴自牧在《梦粱录·诸色杂货》中记载的宋代日常使用的铜铁器制品可谓丰富多彩："如铜铫、汤饼、铜罐、熨斗、火锹、火箸、火夹、铁物、漏杓、铜沙锣、铜匙箸、铜瓶、香炉、铜火炉、帘钩，器如樽、果盆、果盒、酒盏、注子、偏提、盘、盂、杓。"其产品数量很多，甚至远销南洋。此外，宴饮与女伎行业的繁盛，也间接推动了各种以女性服饰为中心的流行风尚的形成，刺激宋代女服式样变换的频率与速度。

第一节 碧罗冠子簇香莲

中国自古以"衣冠上国，礼仪之邦"著称于世界。将衣冠并举，足见古人对冠的重视。在某种程度上讲，冠有时比衣还重要。这是因为古人认为"冠而后服备"、"冠者，礼之始也"的缘故。唐代之前，冠仅限于贵族男子。唐代中期，胡服流行与"女效男装"开创了女性戴冠的先例。至宋代，女性戴冠已被世人接受。其形式和材质也极大丰富，如用白角、鱼枕、象牙、玳瑁制成的角冠，黄金制成的金冠[1]，以竹或紫檀、黄杨制作的竹冠[2]，以铁制成的铁冠[3]，以鹿皮制成的鹿皮冠[4]，以漆纱制成的漆冠[5]，以裘毛皮制成的裘帽[6]，纳以棉絮的絮帽[7]和丧服之用的纸帽[8]。

一、朵云冠子偏宜面

小院朱扉开一扇。内样新妆，镜里分明见。眉晕半深唇注浅。朵云冠子偏宜面。　被掩芙蓉熏麝煎。帘影沉沉，只有双飞燕。心事向人犹动觑。强来窗下寻针线。（贺铸《蝶恋花》）

"眉晕半深唇注浅。朵云冠子偏宜面。"这两句指的是画眉、涂唇、绾髻与戴

---

[1]（宋）宋白《宫词》："去年因戏赐霓裳，权戴金冠奉玉皇。"

[2]"竹冠，制惟偃月、高士二式为佳，他无取焉，间以紫檀、黄杨为之。"引自（宋）黎靖德：《朱子语类》卷九一，中华书局，1986年。

[3]（元）脱脱等《宋史·雷德骧传》："简夫始起隐者，出入乘牛，冠铁冠，自号'山长'。……既仕，自奉稍骄侈，驺御服饰，顿忘其旧，里间指笑之曰：'牛及铁冠安在？'"

[4]（宋）米芾《画史》："旧言士子国初皆顶鹿皮冠，弁遗制也。"台湾商务印书馆，1986年。

[5]（宋）赵令畤《侯鲭录》卷六："宣和五六年间……漆冠子作二桃样，谓之并桃，天下效之。"

[6]（宋）王应麟《玉海》卷八二："干德二年（964）十一月，（太祖赵匡胤）命王全斌等伐蜀。冬暮，大雪，上设毡帷于讲武殿，衣紫貂裘幅以视事，谓左右曰：'我被服如此，体尚觉寒，西征将帅，冲犯霜霰，何以堪处？'即解裘帽，遣中黄门驰驿赐全斌。"

[7]（宋）庞元英《文昌杂录》卷二："兵部杜员外……至岷州界黑松林，寒甚，换绵衣毛褐絮帽乃可过。"

[8]（元）脱脱等《宋史·礼志二五》："（至道三年）太宗崩……诸军、庶民白衫纸帽。"

冠四件事。

在唐玄宗时期，画眉的形式已多姿多彩，名见经传的就有十种眉：鸳鸯眉、小山眉、五眉、三峰眉、垂珠眉、月眉、分梢眉、涵烟眉、拂烟眉、倒晕眉。史载玄宗曾令画工画《十眉图》。李商隐诗"八岁偷照镜，长眉已能画"，可见当时画眉风气、习俗之盛。盛唐时，流行画得阔而短、形如桂叶或蛾翅的"短眉"[1]、眉边晕散的"晕眉"、眉毛细长的"细眉"[2]。唐人如何画眉尚不可知，但时代稍后的宋人笔记《事林广记》中有所记述："真麻油一盏，多着灯心搓紧，将油盏置器水中焚之，覆以小器，令烟凝上，随得扫下。预于三日前，用脑麝别浸少油，倾入烟内和调匀，其墨可逾漆。一法旋剪麻油灯花，用尤佳。"

涂唇是指一种将口脂、唇脂等朱赤色的装饰物涂抹在嘴唇上的美容方式。《新唐书·百官志》记载："腊日献口脂、面脂、头膏及衣香囊，赐北门学士，口脂盛以碧镂牙筒。"所谓"碧镂牙筒"是指用来放口脂的包装。绿色的雕花外筒与红色相搭配，颜色互补，更衬托出各自色彩的鲜艳。除了鲜艳的红色，唐宋时还流行一种暗红色的檀唇，证以北宋词人秦观《南歌子》："揉蓝衫子杏黄裙，独倚玉栏无语，点檀唇。"

正如宋词称"袅袅云梳晓髻堆"[3]，宋代女子以高髻为尚，即所谓"门前一尺春风髻"[4]。这种高髻大多用假发编成各种形状，使用时直接套在头上，形成"双

---

[1]（唐）元稹《有所教》："莫画长眉画短眉，斜红伤竖莫伤垂。人人总解争时势，都大须看各自宜。"

[2]（唐）白居易《上阳白发人》有"青黛点眉眉细长"，《长恨歌》有"芙蓉如面柳如眉"。

[3]（宋）周紫芝《鹧鸪天十三首》之一："袅袅云梳晓髻堆，涓涓秋净眼波回。旧家十二峰前住，偶为襄王下楚台。　闲院静，小桃开，刘郎前度几回来。东风易得行云散，花里传觞莫谩催。"

[4]（宋）赵令畤《鹧鸪天》："可是相逢意便深，为郎巧笑不须金。门前一尺春风髻，窗内三更夜雨衾。　情渺渺，信沉沉，青鸾无路寄芳音。山城钟鼓愁难听，不解襄王梦里寻。"

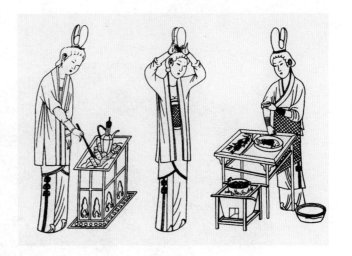

图 5-1 砖刻中的厨娘
（河南偃师北宋墓）

环髻"、"朝天髻"、"龙蕊髻"、"大盘髻"、"芭蕉髻"等各种发式。当然，这些
发髻式样名目多见于当时诗词之中，多样且华丽，但遗憾的是今人尚不能将其
一一与图像对应。或许这样，更留给今人以想象的空间和幻想的意境吧！所谓"朵
云"，有点类似京剧中的"额发"，时称"云尖巧额"[1]。这种形式的发髻最早见于
佛教广泛传播的南北朝时期的"佛妆"，《北齐校书图》中的侍女就是"佛妆"打扮。
宋代女性"朵云"的发式如河北宣化辽代张世卿墓中壁画上的侍女与河南偃师北
宋墓砖刻里的头戴团冠厨娘的形象。

"团冠"是指造型为团形的冠式。其形象如河南偃师北宋墓砖刻中的厨娘（图
5-1）、山西太原晋祠宋塑宫女像、宋画《瑶台步月图》（图 5-2）中的贵妇。团冠

[1]（宋）袁褧《枫窗小牍》："宣和以后，多梳云尖巧额，髻撑金凤。小家至为剪纸衬发，膏沐若香。"

图 5-2《瑶台步月图》(宋 刘宗古)

图 5-3 团冠（安徽安庆棋盘山范
文虎夫妇合葬墓）

有用竹编成，上覆漆纱，再涂以颜色；也有用金属錾刻的，如安徽安庆棋盘山范文虎夫妇合葬墓出土的鎏金银团冠（图5-3）。该冠出土时发现于女性头骨附近。造型如开启的河蚌，呈椭圆形，底部有一圆洞，两侧各有一个穿孔，通体錾刻有精致的缠枝花纹。[1] 此冠用大小 5 块金片压模扣合而成，曾嵌有珠宝，出土时已脱落。高 4.4 厘米，长 13.7 厘米，宽 8 厘米，重 56.63 克。金冠顶部是一块中间呈长方形、两端类似如意形的薄金片，再用两块云状形金片镶在两旁，两头各镶一块小金片，有穿眼，系固定发簪用的，底面的洞是套发髻用的。团冠顶部中间豁口，名曰"山口"[2]。顶部及周身均錾刻缠枝花纹，内填珍珠纹，每朵花的中间镶嵌一珠宝饰物作花蕊，镶嵌饰物虽已脱落，但痕迹尚清晰可见。这正是宋人王栐《燕翼诒谋录》所谓"加以饰金银珠翠"[3]。

因为宋人造型整体偏于瘦长，且缠足日盛。加之首服偏于高大，所以宋代有

[1] 周汛、高春明：《中国历代妇女妆饰》，学林出版社、三联书店（香港）有限公司联合出版，1997 年，93 页。
[2] （宋）王得臣《麈史》卷上《礼仪》："妇人冠服涂饰增损用舍，盖不可名纪，今略其首冠之制……编竹而为团者，涂之以绿，浸变而以角为之，谓之团冠……又以团冠少截其两边，而高其前后，谓之山口。"
[3] （宋）王栐《燕翼诒谋录》："旧制，妇人冠以漆纱为之，而加以饰金银珠翠，采（彩）色装花。"

人称女子首服造型"危巧"。在南宋《歌乐图》有穿红罗背子的女子形象（图5-4），其头部戴着极为特殊的尖角形冠饰。据宋代文献记载，京师宫中白角冠高达三尺。按一宋尺相当于今天的37厘米计算，女冠高者可达一米多。因为过于高大，行走坐卧多有不便，所以"登车担皆侧首而入"[1]。加之靡费过甚，曾被认为妖服而下令禁止。宋皇祐元年（1049年）十月，仁宗下诏予以禁止："诏禁中外不得以角为冠梳，冠广不得过一尺，长不得过四寸，梳长不得过四寸。终仁宗之世无敢犯者。"[2] 然而这种式样流传甚广，据陆游《入蜀记》载，西南一带的妇女，"未嫁者率为同心髻，高二尺，插银钗至六只，后插大象牙梳，如手大"[3]。宋词里亦有许多赞誉：

瞻蜌门前识个人，柳眉桃脸不胜春。短襟衫子新来棹，四直冠儿内样新。秋色净，晓妆匀。不知何事在风尘。主翁若也怜幽独，带取妖饶上玉宸。（张孝祥《鹧鸪天》）

抛却功名弃却诗，从教身染气球泥。侵晨打鞠齐云会，际暮演筹落魄归。园苑里，粉墙西。佳人偷揭绣帘窥。高侵云汉垂肩久，低拂花梢下脚迟。（无名氏《鹧鸪天》）

---

[1]（宋）周辉：《清波杂志》卷八，商务印书馆，1959年。

[2]（宋）王栐：《燕翼贻谋录》卷四。据《宋史·舆服志》记载："皇祐元年，诏妇人冠高毋得逾四寸，广毋得逾尺，梳长毋得逾四寸，仍禁以角为之。先是，宫中尚白角冠梳，人争仿之，至谓之内样。冠名曰垂肩等肩，至有长三尺者；梳长亦逾尺。议者以为服妖，遂禁止之。"

[3]（宋）陆游：《入蜀记》卷六，十月十三日条。

图5-4 南宋《歌乐图》
（《典藏·古美术》2008
年第1期）

　　这种冠前后插有角冠，梳长盈尺，两鬓垂肩 [1]，时称"觯肩"。王得臣《麈史·礼仪》说："编竹而为团者，涂之以绿。浸变而以角为之，谓之'团冠'，复以长者屈四角而下至于肩，谓之'觯肩'。"据《宣和遗事》记载，名妓李师师的打扮是"觯肩高髻垂云碧"。宋词里也称：

　　　　小窗闲适。云髻觯肩，香肌偎膝。玉局无尘，明琼欲碎，春纤同掷。
　　不争百万呼卢，赌今夜、鸳帷痛惜。好恁马儿，若还输了，当甚则剧。（赵长卿《柳梢青》）

---

[1]（宋）沈括《梦溪笔谈》卷十九："妇人亦有如今之垂肩冠，如近年所服角冠，两翼抱面，下垂及肩，略无小异。"

图 5-5 青玉冠（江苏省吴县灵岩毕沅墓）

在宋代，也有将团冠与角冠合并起来称呼的习惯，如李廌《济南先生师友谈记》："宝慈暨长乐白角团冠，前后惟白玉龙簪而已；衣黄背子，衣无华彩。"团冠一直延续至元代，社会各阶层女性，无论上下都可戴，如周密《武林旧事》卷七说"皇后换团冠、背儿"，同书卷八也说皇后谒家庙时也戴团冠。此外，元代娼妓也可戴团冠，如《元典章·礼部》卷二："今拟娼妓各分等第穿着紫皂衫子，戴着冠儿。"

二、髻稳冠宜翡翠

髻稳冠宜翡翠。压鬓彩丝金蕊。远山碧浅蘸秋水。香暖榴裙衬地。

亭亭二八余年纪。恼春意。玉云凝重步尘细。独立花阴宝础。（赵希彭《秋蕊香》）

玉制小冠是宋代首服一个特殊的种类。以玉制冠，源于宋人对玉石的喜好。宋徽宗赵佶嗜玉成瘾，金石学的兴起，工笔绘画的发展，城市经济的繁荣，写实主义和世俗化的倾向，都直接或间接地促进了宋代玉器的空前发展。中国古代玉器发展至此，"礼"性大减，而装饰与实用功能大增。这促成了中国古代以玉制冠的新风尚。宋词《蓦山溪》云："寒苞素艳，浑似枝头见。半拆与初开，谁赢得、江南手段。玉冠斜插，惟恨欠清香，风动处，月明时，不怕吹羌管。"实物如江苏省吴县灵岩毕沅墓出土的青玉冠（图5-5），该冠高 6 厘米、宽 9 厘米，用整块和田青玉料雕成双层莲花花瓣，冠下端两侧对钻用来簪插发笄的双孔。

"髻稳冠宜翡翠"中的"翡翠"是指用来固冠的翡翠发笄。吴县灵岩毕沅墓青玉冠上有碧玉簪，作云头如意状。笄是古人用来簪发和连冠用的饰物，后世称为"簪"。《说文》："笄，簪也。"中国古人以玉制笄可追溯至新石器时代。殷墟妇好墓曾出土过一件夔龙首玉笄。其头部扁平，雕成夔龙形。汉至唐代玉笄的变化不大，一般是笄首略加装饰，笄身光素。宋代以后，玉笄趋于精致，笄首多以鸟兽、花草为形。

不仅用玉，中国古人制笄还使用犀、牙、角等各种材料制作发笄。这些材料的不同，成为中国古代封建社会不同身份等级区别的标识符号。

三、水晶冠子薄罗裳

避暑佳人不着妆，水晶冠子薄罗裳。摩绵扑粉飞琼屑，滤蜜调冰结绛霜。随定我，小兰堂。金盆盛水绕牙床。时时浸手心头熨，受尽无人知处凉。（李之仪《鹧鸪天》）

层层细剪冰花小，新随荔子云帆到。一露一番开，玉人催卖栽。 爱花心未已，摘放冠儿里。轻浸水晶凉，一窝云影香。（张镃《菩萨蛮》）

"水晶冠子"也是用宝石制成的冠。水晶，古称水精、水玉、白附、千年水、黎难，又称赤石英、紫石英、青石英，因其为透明晶体，故常称之为水晶。虽然我国盛产水晶，但水晶制冠却依然稀有。一因其属宝石，制冠用料较大，世人不舍用之。二因其硬度大，为摩氏 7，琢难，代价高，故将其雕琢成冠极为罕见。宋代词人张镃在《菩萨蛮》中，将洁白的荔枝花形容为"冰花"，正与水晶冠儿的冰凉相互映衬。在赤热的暑夏里，给人丝丝凉意。

相对水晶冠的罕见，水晶簪则普遍一些。褚载《送道士》："鹿胎冠子水晶簪，长啸欹眠紫桂阴。"2008 年，在安徽寿县城南保庄圩考古发掘出了两根长约 20 厘米的圆柱形状、晶莹剔透的水晶发簪。

在宋代，还有一种"鱼枕冠"，也就是用石首鱼头骨制成的冠。用其制成的冠子质地晶莹，冠壁近乎透明，所以也有"水晶冠子"的美称。鱼枕，亦作"鱼魫"。鱼头骨、鱼枕骨可制器或做窗饰，亦可饰冠。《尔雅·释鱼》："鱼枕谓之丁。"郭璞注："枕在鱼头骨中，形似篆书'丁'字，可作印。"宋人彭乘《续墨客挥犀·鱼魫》："南海鱼有石首者，盖鱼魫也。取其石治以为器，可载饮食。如遇蛊毒，器必暴裂，其效甚著。福唐人制作尤精，明莹如琥珀，人但知爱玩其色而鲜能识其用。"宋代苏轼行书书帖《鱼枕冠颂》中有"莹净鱼枕冠，细观初何物"。此外，《醒世恒言·吕洞宾飞剑斩黄龙》："铺中立着个女娘，鱼魫冠儿，道装打扮，眉间青气现。"

无论是水晶冠，还是鱼枕冠，这类晶莹剔透的透明冠儿都是颇为惹人怜爱的。如果在冠内插花，就更能体现宋人的风韵与雅致。宋人程垓《醉落魄·赋石榴花》："夏围初结，绿深深处红千叠。杜鹃过尽芳菲歇。只道无春，满意春犹惬。　折来一点如猩血，透明冠子轻盈贴。芳心蹙破情尤切。不管花残，犹自拣双叶。"就是描写清风婀娜的宋代佳人，在晶莹剔透的水晶冠之内衬以层层团簇的石榴花，若隐若现的白色、红色花瓣呈现出一派婉约风尚。

四、包髻团衫也不村

> 冠儿褙子多风韵，包髻团衫也不村。（元代·无名氏《中吕喜春来》）

除了用料名贵的团冠、角冠等，在宋代女性首服式样中，还有一种用布帛包裹发髻的首服，名曰"包髻"。南宋《织耕图》中在田间耕作劳动的男女村夫，头上都用布帛包裹发髻。宋代孟元老《东京梦华录》卷五说，有些社会上的媒婆也戴"黄包髻"。就身份而言，专门替人说媒提亲的老年妇女也处于社会底层。不仅民间尚戴包髻，社会上层女性也流行戴包髻。例如，山西太原晋祠圣母殿宋塑彩绘宫女塑像中就有头裹红色和蓝色包髻的塑像（图5-6）。此外，在宋人所

图 5-6 山西太原晋祠圣母殿
宋塑彩绘宫女塑像

绘女性粘贴花钿的图像资料中，对镜贴花钿的女性头上也裹着包髻。可能受到中原文化影响，辽代妇女中也有戴红色包髻的，如河北宣化辽墓壁画中就有头裹包髻的女性形象[1]。同样，金代女性也戴包髻，《金史·舆服制》中的命妇礼服中有"年老者以皂纱笼髻如巾状，散缀玉钿于上，谓之玉逍遥。此皆辽服也，金亦袭之"。所谓"皂纱笼髻如巾状"当是指包髻，而"玉逍遥"乃是包髻上的玉雕饰件。

范祖禹《保宁军节度观察留后东阳郡公妻仁寿郡夫人李氏墓志铭》曰："仁宗时尝召燕宫中，夫人同命妇特髻见，上顾之曰宗戚近属，有德者固当异数，若东阳家，无宜碌碌以朝。诏有司命改服，自后以包髻人。当时荣之。"由前文可知，宋时特髻与包髻同为命妇礼服，且包髻的身份等级更高。当然，这种纳入礼仪制度中的包髻既是身份的象征，必然也少不了要附饰各种精美的装饰配件。例如，现藏台北故宫博物院的宋人绘《折槛图》中，侍立于汉成帝身后的女性戴的包髻上面就缀饰着各种精美的宝石和珍珠（图5-7）。元代关汉卿《诈妮子调风月》也称"夫人每是依时按序，细搀绒全套绣衣服，包髻是璎珞大真珠"[2]。所谓璎珞是指用珠玉串成戴在颈项上的饰物，多作颈饰[3]。

至元代，女子盛装仍尚用包髻覆首，只是宋时包髻的身份等级象征在元代已经消失，演变成为已婚女性的一种妆饰[4]，如关汉卿《诈妮子调风月》中的唱词说："许下我包髻、团衫、绣手巾，专等你世袭千户的小夫人。"又提到："刚待要蓝

[1] 张家口市宣化区文物保管所：《河北宣化下八里辽韩师训墓》，《文物》1992年第6期。
[2] 隋树森：《元曲选外编》一册，中华书局，1959年，88页。
[3] 《晋书·四夷传·林邑国》："其王服天冠，被璎珞。"（宋）苏轼《无名和尚颂观音偈》："累累三百五十珠，持与观音作璎珞。"
[4] 傅乐淑：《元宫词百章笺注》，书目文献出版社，1995年，68—69页。

图 5-7《折槛图》(宋　佚名,台北故宫博物院藏)

包髻。"《望江亭》第三折："……许他做第二个夫人；包髻、团衫、绣手巾，都是他受用的。"包髻在明代仍用，只是名称稍有些不同，明初《碎金》"服饰篇"中有"包冠"词条。或许在明代，人们已将包髻称为包冠了。因为没有固定的形状，完全靠丝绳束扎于发髻上，所以明时戴包髻被称为"扎"。那些有钱人家女性的包髻，一般都由身边做事的丫鬟、书童和女佣给扎戴[1]。

从材料上讲，包髻由各种质地华美的纺织品制成，如《金瓶梅词话》第二十四回，曰贲四娘子"穿着红袄，玄色缎比甲，玉色裙，勒着销金汗巾"。又第四十五回曰："李桂姐穿着紫丁香色潞绸妆花眉子对襟袄儿，白展光五线挑的宽襕裙子，用青点翠的白缝汗巾儿搭着头。"因此，包髻会因材料的不同而有不同的定语，仅《金瓶梅词话》提到的就有黄包髻、皂包髻、蓝包髻。此外，在明代版画中还有头裹花布作的包髻，这或可称为"花包髻"了。

在中国古代服饰发展进程中，宋代女子首服处于中国古代女子首服承前启后的转折阶段，具有较强的时代特征，亦对后世首服式样产生了深刻影响。它不仅开创了女子戴冠风尚之先河，也为后世女子首服式样奠定了基础。

第二节　冠儿褙子多风韵

冠儿褙子多风韵，包髻团衫也不村。（元代·无名氏《中吕喜春来》）

---

[1]（明）兰陵笑笑生《金瓶梅词话》第三十一回："书童也不理，只顾扎包髻儿。"

在宋代女服中，褙子是最具代表性的。褙子，也写作背子。它是宋代妇女的日常常服及次于大礼服的常礼服。其式样素雅之中见奢华，简洁之中见精致。

在宋代文献中，关于褙子的文献记载非常多，有人认为，在宋代，褙子本是婢妾之服。因为婢妾一般都倚立于主妇的背后，故称为"褙子"。但考察文献，宋代各个阶层均有穿着褙子的记载，如《宋史·舆服志》中有"女子在室者冠子、背子，众妾则假紒、背子"，又有"其常服，后妃大袖，生色领，长裙，霞帔，玉坠子；背子、生色领皆用绛罗，盖与臣下不异"。又如《济南先生师友谈记》中关于御宴记载太妃衣"衣黄背子"、"衣红背子"[1]。可见，宋代褙子是一种上至皇后、贵妃、命妇，下至平女、侍从、奴婢，以及优伶、乐人不分等级与尊卑，都可以穿着的通用性服装款式。

不仅女子，宋代男子也穿褙子。宋代《宣和遗事》一书所载"徽宗闻言大喜，即时易了衣服，将龙袍卸却，把一领皂背穿着"；"……王孙、公子、才子、伎人、男子汉，都是了顶背带头巾，窄地长背子，宽口裤"。查看文献和图像资料可知，褙子在宋代男服中一般用于便服，或是衬在礼服里面穿的服装。《朱子语类》云："崇观间，莆人朱给事子入京，父令过钱塘谒故人某大卿。初见以衫帽。……及五盏歇坐，请解衫带，着背子，不脱帽以终席。"又："前辈子弟，平时家居，皆裹帽着背，不裹帽便为非礼。出门皆须具冠带。"

---

[1]（宋）李廌《济南先生师友谈记》："御宴惟五人，上居中，宝慈在东，长乐在西，皆南向。太妃暨中宫皆西向，宝慈暨长乐白角团冠，前后惟白玉龙簪而已；衣黄背子，衣无华彩。太妃暨中宫皆缕金云月冠，前后亦白玉龙簪，面饰以北珠，珠甚大，衣红背子，皆用珠为饰。"

据记载，褙子在宋代之前已有其制。[1]虽古人引经据典地解释褙子的起源，但前朝服装与宋代褙子的式样相距甚远，终究未能摆脱以文证文的局限。概括地讲，宋代褙子式样的主要特征为瘦身窄袖、对襟生色领、腋下开胯和不掣衿纽。首先，"瘦身窄袖"体现了修长清秀的宋代美女风格。这在宋词中多有反映：

　　墨绿衫儿窄窄裁，翠荷斜靸领云堆，几时踪迹下阳台。　　歌罢樱桃和露小，舞余杨柳趁风回，唤人休诉十分杯。（黄机《浣溪沙》）

　　窄罗衫子薄罗裙，小腰身，晚妆新。每到花时，长是不宜春。早是自家无气力，更被伊，恶怜人。（张泌《江城子》）

　　无论是"墨绿衫儿窄窄裁"，还是"窄罗衫子薄罗裙"，都以一个"窄"字形象地勾画出褙子的"小腰身"造型。与唐朝女子以胖为美、骑马涉猎、英姿飒爽的风格不同，宋朝女子追求的是一种朴素雅致、含而不露，而又风情万种的小家碧玉之美。与褙子瘦身窄袖的特征相对照的是它的长度大多过膝，最长可至足踝部。[2]在《荷亭戏婴图》(图5-8)、《瑶台步月图》和《歌乐图》等绘画作品中的女

---

[1]（清）陈梦雷《古今图书集成·礼仪典·衣服部》引《实录》曰："秦二世诏朝服上加褙子，其制袖短于衫，身与衫齐而大袖。"又曰："隋大业中、内宫多服半臂，除即长袖也；唐高祖减其袖，谓之半臂，今背子也；江淮之间或曰绰子，士人竞服。"（五代）马缟《中华古今注·衫子背子》："背子，隋大业末，炀帝宫人、百母妻等，绯罗蹙金飞凤背子，以为朝服，及礼见宾客、舅母之长服也。"（宋）黎靖德《朱子语类》卷一二七："今人登极，时常着白绫背子。"（宋）程大昌《演繁露》："今人服公裳，必衷以背子。背子者，状如单襦裌袄，特其裾加长，直垂至足焉耳。其实古之中禅也，禅之字或为单，中单之制，正如背子。"
[2]（宋）程大昌《演繁露》："今人服公裳，必衷以背子，背子者，状如单襦裌袄，特其裾加长，直垂至足焉耳。其实古之中禅也。禅之字或为单。中单之制，正如背子。"

图 5-8《荷亭戏婴图》（宋　佚名）

性都显现出一种瘦削苗条的姿态。这正符合了李清照《醉花阴》中所描述的女性形象：

　　薄雾浓云愁水昼，瑞脑消金兽。佳节又重阳，玉枕纱厨，半夜凉初透。
　　东篱把酒黄昏后，有暗香盈袖。莫道不销魂，帘卷西风，人比黄花瘦。

"黄花"，即萱草花，形如金针。据传，古代游子为了排解对家人的相思之苦，在出门前多会在庭园前种植萱草，因此，古人又将萱草称为忘忧草。宋代词人称人比黄花还要瘦，虽是为了比喻饱受相思之苦的佳人憔悴的样子，但借鉴勾画出了宋代美人儿以清瘦为美的特殊风范。

"暗香盈袖"则与宋代的熨斗有关。在宋代,熨斗已经非常普遍地进入了老百姓的日常生活之中。南宋吴自牧在《梦粱录·诸色杂货》中记载的宋代日常使用的铜铁器制品可谓丰富多彩:"如铜铫、汤饼、铜罐、熨斗、火锹、火箸、火夹、铁物、漏杓、铜沙锣、铜匙箸、铜瓶、香炉、铜火炉、帘钩,器如樽、果盆、果盒、酒盏、注子、偏提、盘、盂、杓。"《武林旧事·小经纪》中记有:"提茶瓶、鼓炉钉铰、钉看窗、札熨斗。"

在宋代,熨斗又称为"金斗"。这是宋代妇女居家必备与日常使用的生活用具。宋词中有关熨斗的描述颇丰,如秦观《如梦令》:"睡起熨沉香,玉腕不胜金斗。"使用时,要在熨斗内放置炭火,以便熨烫衣物,如陆游《晓枕》诗曰:"残漏冬冬急,明星磊磊高。一从安枕卧,无复揽衣劳。熨斗生晨火,熏笼覆缊袍。一杯山药酒,红日满亭皋。"又如史达祖《东风第一枝·春雪》词云:"寒炉重熨,便放慢春衫针线。怕凤靴挑菜归来,万一灞桥相见。"

在宋代,焚香是文人雅士最为喜爱的雅事之一。此外,宋代女子也喜欢在熨烫衣服时在熨斗内加放沉香等香料,用以加温添香。由于香料的使用量非常之大,宋政府每年都要从海外进口大量香料以供社会上层人士使用。吕渭老《思佳客》词云:"夜凉窗外闻裁剪,应熨沉香制舞衣。"

福州新店南宋黄升墓中出土褙子4件,其中罗制3件,绉纱1件。紫灰色绉纱镶花边窄袖褙子(图5-9),衣长123厘米,袖展长147厘米,下摆宽57厘米。它的领、襟、袖缘及肋下均缝上一条宽4.4厘米的彩绘花边。其裁缝方法为正裁,缘边、花边、加缝领均为后加。身部前后及两半袖用两幅单料各剪裁成"凸"形对折,竖直合缝,两半袖端各接一块延伸成长袖,衣长前后裾相等。衣边针脚0.2—0.3厘米,针距0.3—0.5厘米。背中缝针脚0.4—0.5厘米,针距0.6—0.7厘米。

虽不会完全遵其旧制,但宋代服饰已成为后代力图恢复旧制的蓝本。与"中单腋下缝合"不同，宋代褙子"则离异其裾"[1]，且在腋下侧缝缀有带子，垂而不结仅作装饰，意义是模仿古代中单交带的形式，表示"好古存旧"。此外，宋代尤其是南宋的褙子还流行"不施衿纽"，即前襟散开，不用衿（用于系住衣襟的小布条）纽系束，谓之"不制衿"。据宋人岳珂《桯史》记载："宣和之季……妇人便服不施衿纽，束身短制，谓之'不制衿'。始自宫掖，未几而通国皆服之。""不制衿"样式最初为宫廷妇女使用，后民间争相仿效，很快就流行开来，正所谓"出自城中传四方"[2]。白沙宋墓等墓葬壁画中的女子均两襟松敞，不加系束。直身对襟、"不施衿纽"、腋下不合的式样使得褙子显得洒脱通透、颇富"休闲"气息。尽管如此，宋代褙子衣襟也有"制衿"的例子。江西德安南宋周氏墓出土的印金罗襟折枝花纹罗背子（图5-10）的对襟上就有一对纽扣[3]。就这件衣服而言，这枚纽扣极为隐蔽。发掘者称此为在对襟处有纽扣的首次发现。一些研究者也以此为依据将中国古人使用纽扣的上限定为宋代。

宋代女服，多以花边在衣襟、袖口和两腋侧缝处作缘饰，时称"领抹"。由于宋时女服风尚朴素，所以领口的缘饰就成为宋代女服的点睛提气之笔。宋代词人也多有描绘。其中比较形象的一首当推赵长卿的《鹧鸪天》：

牙领番腾一线红，花儿新样喜相逢。薄纱衫子轻笼玉，削玉身材瘦怯风。人易老，恨难穷。翠屏罗幌两心同。既无闲事萦怀抱，莫把双蛾皱碧峰。

---

[1] （宋）程大昌《演繁露》："今人服公裳，必衷以背子，背子者，状如单襦袷袄，特其裾加长，直垂至足焉耳。其实古之中禅也。禅之字或为单。中单之制，正如背子。"

[2] （宋）岳珂：《桯史》卷五《宣和服妖》。

[3] 周迪人、周旸、杨明：《德安南宋周氏墓》，江西人民出版社，1999年，彩图第2页。

图 5-9 紫灰色绉纱镶花边窄袖褙
子（福州新店南宋黄昇墓）

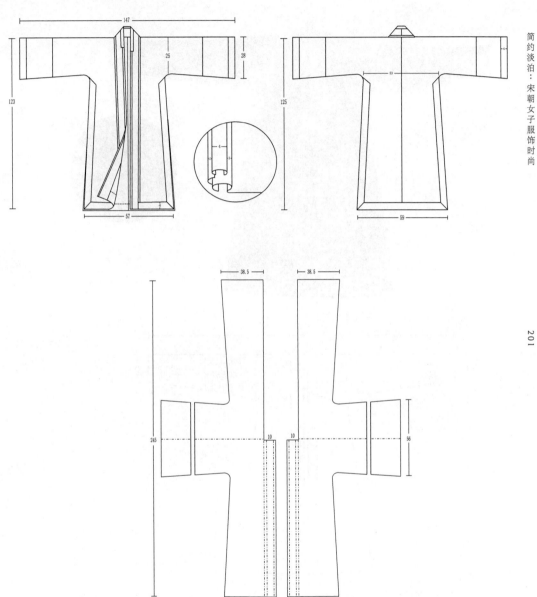

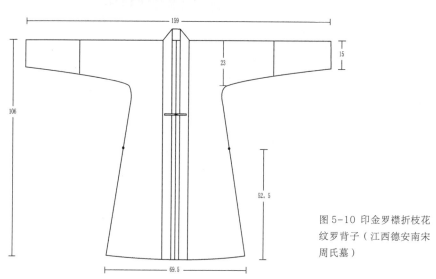

图 5-10 印金罗襟折枝花
纹罗背子（江西德安南宋
周氏墓）

词中"牙领"即是指"抹领"。所谓"牙",是指器物外沿或雕饰的突出部分。这正好颇为精准文雅地点出了宋人缝制"领抹"的工艺特点。据福州新店南宋黄升墓实物考察,宋代褙子上的"领抹"都是将一块整布裁剪成长条形,两侧外边向内扣折后,用针线沿抹领外沿缝于领襟之上。"牙领"之后的"番腾一线红"则形象地勾画出宋代佳丽身着的褙子上于素纱薄雾中显现的"抹领"的外观效果。

宋代抹领的工艺有手工画绘,如宋代无名氏《阮郎归·端五》:"及妆时结薄衫儿,蒙金艾虎儿。画罗领抹撷裙儿,盆莲小景儿。　香袋子,搐钱儿,胸前一对儿。绣帘妆罢出来时,问人宜不宜。"[1]也有印金、泥金等,如杨炎正《柳梢青》:"生紫衫儿。影金领子,着得偏宜。"[2]其图案以写实花卉为主,也有鸟兽等寓意吉祥的图案。在福州新店南宋黄升墓中共出土12件未经缝缀的罗质花边。其中,印花彩绘的2件,均长74厘米,宽21厘米。其中一件为五行狮子戏绶球纹,每行由四组踞、奔、立、跃姿态的狮子组成,每组花位长16厘米,狮子作黄色,绶球呈玫瑰红色,飘带显蓝色;另一件为五行蝴蝶芍药绶带璎珞纹,叶作蓝绿色,花呈粉红色,蝶显黄色。彩绘的5件:其中两件各长167厘米,宽约6厘米,花纹有茶花、菊花和荷花;一件长约74厘米,宽约12厘米,彩绘三行狮子戏绶球,每行亦由四组踞、奔、立、跃姿态的狮子组成;另两件残长约42厘米,宽约9厘米,每件花纹两行,每行由翔凤、牡丹、芙蓉、栀子组成。绣花彩绘的3件:一件长87厘米,宽10厘米,纹作两行,每行由四组蝴蝶芍药和绶球飘带组成;一件长105厘米,宽21厘米,双层缝合,花卉的轮廓刺绣,中空填彩;一件长90厘米,

[1] 唐圭璋:《全宋词》册五,中华书局,1965年,3673页。

[2] 唐圭璋:《全宋词》册三,中华书局,1965年,2117页。

宽 4.8 厘米，作荼蘼花纹，花及花托用罗织物剪成纹样贴上，四周用包梗线钉绣法绣出轮廓，叶用染色棉纸剪贴，钉金针法绣出轮廓，花蕊结子绣，花茎辫绣，花叶的中空填彩，色彩鲜明。印金填彩的 2 件：一件长 118 厘米，宽 5 厘米，花纹有茶花、菊花、芙蓉；另一件长 75 厘米，宽 23 厘米，花纹六行，每行由荷花、菊花相间组成。[1]

这些或画或绣、充满诗情画意的领边风景，于素雅简洁的宋代女服中，可谓一个颇具传统且又有时代新意的特色符号。早在南朝，史学家沈约已用《领边绣》为题作诗：

纤手制新奇，刺作可怜仪。萦丝飞凤子，结缕坐花儿。不声如动吹，无风自袅枝。丽色傥未歇，聊承云髻垂。

"结缕坐花儿"一句说明，南北朝时期服装抹领上的这些漂亮精致的纹样很可能是直接在织机上织成的绦带。而这种织成的绦带早在战国已有使用。如江陵马山一号楚墓出土的素纱绵袍 N1，在领的内面及外面，就加饰了一道宽不足 7 厘米的纬花车马人物驰猎猛兽纹绦带（图 5-11）。该纹案由四个菱形组成，排列成上下两行。上行的两个菱形内的图案内容是相互联系的。右上方的图案是二人乘一辆田车正在追逐猎物的侧视图。车上二人，外侧后部为御者，踞坐，着钻蓝色衣，系红棕色腰带，头部似戴兜鍪，手前伸，作驾马状。内侧一人位于前部，似为射猎的贵族，立乘，着土黄色衣，似戴兜鍪，右手持弓，左手作

[1] 福建省博物馆编：《福州南宋黄升墓》，文物出版社，1982 年，16 页。

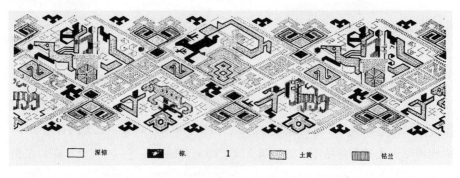

图 5-11 素纱锦袍 N1 领外缘纬花车马人物驰猎猛兽纹（江陵马山一号楚墓）

放箭状。车后立有旗杆，上挂向后飘动的旌旗。左上方的图案中部有象征山丘的菱形纹。山前有一只奔鹿仓皇逃命，箭矢从身旁掠过；奔鹿后面的一兽已被射中，倒卧在地。下行两个菱形图案都是武士搏兽图。右下方的图案是武士搏虎图。武士头戴长尾兜鍪，一手执盾，一手执长剑，正与一只斑斓猛虎搏斗。左下方的图案是手执长剑的武士与一只猛兽搏斗。各个大菱形之间多填以 S 形等几何纹。上下两行图案相互呼应。组成一幅气氛热烈紧张、场面广阔的古代射猎图。[1] 此外，江陵马山一号楚墓出土袍服 N10 的领内侧也有龙凤纹绦缘。其经线和地纬为深棕色，花纬可见土黄、红棕、钴蓝三色。花纹由三个菱形连接组成。在各个菱形的空隙间，分别填以三角形、小菱形纹，也有矮小的人形图案和展翅的鸟形图案。第一个菱形内的图案是对龙，各自作回首状，足下践一动物。第二个菱形内的图案是长尾对龙和一些小几何纹。第三个菱形内的图案是弯体对凤。因为是单独缝缀于领襟之上，这些"领襟绣"很可能会"应时、

---

[1] 湖北荆州地区博物馆：《江陵马山一号楚墓》，文物出版社，1985 年，47 页。

应景"替换的。

因为褙子上都有花边装饰,所以花边的需求量很大,这促进了宋代花边制作行业的兴盛。从宋人的笔记看,"领抹"之类的服饰常常是单独出售的。例如,在《东京梦华录·正月》里面就记载了宋时"及州南一带"街道上的商铺里面就有专门出售"冠梳、珠翠、头面、衣着、花朵、领抹、靴鞋、玩好"之类的日用杂品,由此可见宋代社会商品经济的繁荣。除了固定商铺,还有一些流动小贩,沿街吆喝,唱吟通衢地售卖"食物、动使、冠梳、领抹、缎匹、花朵、玩具"[1]等物。最有意思的是,这些日用物品也可由买卖双方约定好价格,用头钱(即铜钱)掷在瓦罐内或地上,根据头钱字幕的多少来判定输赢。赢者可折钱或免费取走所扑物品,输则付钱。这就是宋时颇为流行的"关扑"。由于关扑和商业活动紧密相连,故关扑一般不赌钱,而是赌"抹领"之类的物品。也正因为如此,过去史学界一般均把它归之为娱乐活动。

至元代,褙子仍然在穿用,这种风尚依旧流行,褙子一度被用作女伎常服。元代杨景贤《刘行首》第二折:"则要你穿背子,戴冠梳,急煎煎,闹炒炒,柳陌花街将罪业招。"元代戴善夫《风光好》第四折:"他许我夫人位次,妾除了烟花名字,再不曾披着带着,官员祗候,褙子冠儿。"乐伎只能穿黑褙子,教坊司的妇人则不能穿褙子。褙子的纹样,也是区分命妇等级的标志,体现出穿着者的身份和地位。

与宋代相比,明代褙子大同小异,用途更加广泛。《明史·舆服志》记载:"四襈袄子(即褙子)。"襈的意思是衣衩。在明初就曾经规定皇室贵妇以褙子为

---

[1](宋)吴自牧《梦粱录·正月》:"街坊以食物、动使、冠梳、领抹、缎匹、花朵、玩具等物沿门歌叫。"

常服，品级较低的命妇则以褙子为正式礼服。可见，明代的褙子应为两边侧缝和背缝开衩的。如果前襟扣上纽襻或系上绳带，下摆处就也类似开衩的样式，故名四襈袄子。其式样如明代唐寅所画《王蜀宫妓图》中的人物形象（图5-12）。明代时有宽袖褙子、窄袖褙子。宽袖褙子只在衣襟上以花边作装饰，并且领子一直通到下摆；窄袖褙子在袖口及领子都有装饰花边，领子花边仅到胸部。

第三节　彩燕迎春入鬓飞

宋代城市人口众多，商业发展极快。据《宋史》记载，东京有居民一百多万，加上一大批没有户口的"游手"、"浮浪"以及官府机构和军队，人口更多，是当时世界上无与伦比的大城市。宋代城市民间娱乐文化极其繁盛。由于平民文化的兴起，一些社会上层人士开始欣赏并有选择地采用了某些平民的生活方式。在临安街头和许多其他场合，市民生活气息颇为浓厚，达官贵人与一般平民相混杂的现象已相当普遍。宋代城市里也出现了专供普通小民娱乐的歌舞、说唱、曲艺、杂技等从事表演娱乐的固定表演场所："瓦舍"、"勾栏"、"乐棚"[1]。

宋代节日庆典最多，文化娱乐活动频繁，所谓"时节相次，各有观赏"。与节日娱乐增多对应的是人们对各种节令饰品的需求大增。金盈之《醉翁谈录》卷三《京城风俗记》载："（正月）妇人又为灯毬、灯笼，大如枣栗，如珠翠之饰，

---

[1]（宋）孟元老《东京梦华录》："不以风雨寒暑。诸棚看人，日日如是。"

图 5-12《王蜀宫妓图》(明 唐寅)

合城妇女竞戴之。"既然"合城妇女"竞相佩戴,可想节日期间饰品消费量之巨大。咸淳年间(1265—1274年)都人以碾玉为首饰,里巷妇女以琉璃为首饰。有诗云"京师禁珠翠,天下尽琉璃"[1]。

一、钗斜穿彩燕

彩燕,也称"春燕"或"缕燕"。据南朝梁宗懔《荆楚岁时记》:"立春日,悉剪彩为燕以戴之,帖宜春之字。"[2]隋杜公瞻注引傅咸《燕赋》:"四时代至。敬逆其始。彼应运于东方。乃设燕以迎至。羿轻翼之歧歧,若将飞而未起。何夫人之功巧。式仪形之有似。御青书以赞时。着宜春之嘉祉。"可知早在南北朝时期,中国古人已有簪燕示春的先例。在唐代,簪彩燕逐渐成为迎春时的一种习俗。唐人诗云"钗斜穿彩燕"[3],"彩燕表年春"[4]。

至宋代,立春日头戴彩燕成为风俗。这在宋人的诗词中有诸多记载,如"彩燕迎春入鬓飞"[5],"花鬓愁,钗股笼寒,彩燕沾云腻"[6]和"瑶筐彩燕先呈瑞,金缕晨鸡未学鸣"[7]。宋代城乡经济的繁荣,唤起了画家们对世俗生活的兴趣。当

---

[1]（元）脱脱等:《宋史》卷六十五,中华书局,1985年。

[2]（梁）宗懔:《荆楚岁时记》,岳麓书社,1986年,12页。

[3]（唐）李远《立春日》:"暖日傍帘晓,浓春开箧红。钗斜穿彩燕,罗薄剪春虫。巧着金刀力,寒侵玉指风。婷婷何处戴,山鬓绿成丛。"(《全唐诗》十五册,中华书局,1960年,5930页。)

[4]（唐）冷朝阳《立春》:"玉律传佳节,青阳应此辰。土牛呈岁稔,彩燕表年春。"

[5]（宋）王珪《立春内中帖子词·夫人阁》:"彩燕迎春入鬓飞,轻寒未放缕金衣。苑中忽报花开早,得从銮与向晚归。"

[6]（宋）吴文英:《梦窗词·解语花·立春风雨中饯处静》,《全宋词》卷三九一,中华书局,1965年,1304页。

[7]（唐）崔日用:《奉和立春游苑迎春应制》,《全唐诗》卷四六,中华书局,1979年。

图 5-13《市担婴戏》(南宋 李嵩)

时绘画的主题增加了表现普通市民平凡琐细的日常小景内容的风俗画和节令画。在传南宋李嵩绘《市担婴戏》(图 5-13) 和《货郎图》(图 5-14) 中担货游贩的头巾上就插有一只作展翅低首俯冲状的黑色燕子。这或是北方地区用乌金纸剪成燕形的"黑老婆"。证以明代周祈《名义考》:"北俗元日剪乌金纸,翩翩若飞翔之状,容之谓之'黑老婆',……即彩燕之道也。"[1] 除了黑色,也还有白色,如传北宋苏汉臣所绘《货郎图》(图 5-15) 中货郎的头上也簪戴着一只白

[1]（明）周祈 :《名义考》,沔阳芦氏慎始基斋影印本, 1922 年。

图 5-14《货郎图》(南宋 李嵩)　　　　　　　　图 5-15《货郎图》局部 (北宋 苏汉臣)

色的春燕。

　　除了使用彩帛、乌金纸剪裁外，贵族女性还用金银锤镍、錾刻等工艺做出精致立体的燕形。如株洲丫江窖藏金花鸟银脚步摇，通长 23 厘米，重 17.2 克，环绕着折枝牡丹的一对蝴蝶、两只燕雀以薄金片錾刻成形。同样的例子又如湖南益阳市八字哨关王村宋元窖藏出土的元代银片和银丝制成春燕饰品 (图 5-16)。它是将簪首制成盛开的琼花、花苞和几片慈姑叶，并在其上用弹簧丝缀燕形，残长 11.2 厘米，花宽 9 厘米，重 5.5 克。

　　还有更为精致的例子。北京定陵明代孝靖皇后棺内出土一对双鸾衔寿果金簪 (图 5-17)，顶端为花丝梅花托，花心伸出两条用无芯螺丝做成的花蕊，像弹簧一样，其上站立花丝制作的鸾鸟一对，口衔寿果与方胜滴，两只鸾鸟的身和翅膀用金丝掐制成小卷纹 (直径 0.18 毫米，长 0.9 毫米) 密密堆垒而成。鸟尾采用錾花工艺，中间契筋，两边组丝 (錾花的一种技法，錾雕出平行细线效果)。鸟眼用花丝围

图 5-16 元代银片和银丝制成的春燕饰品（湖南益阳市八字哨关王村宋元窖藏，扬之水《湖南宋元窖藏金银器的发现与研究》）

图 5-17 双鸾衔寿果金簪（北京定陵明代孝靖皇后棺内，《定陵》）

"松"[1]。经组装焊接做成的双鸾鸟，站在花蕊上，能随时颤动，好像要展翅欲飞。[2]与这些实物相对应的簪春燕首饰形象如唐寅所画《王蜀宫妓图》中盛装宫妓中的中间正面者（参见图 5-12）。她云鬓高耸，两侧饰春花，头戴小冠，冠顶部簪有一只小巧的春燕。

二、金缕晨鸡未学鸣

除了燕子外，宋人还有以鸡形作为迎春之饰的风俗，其名曰"春鸡"或"彩鸡"。

---

[1] 将螺丝绕在一根粗丝上，在每个圆圈的对口处剪断放平后，再吹一小珠放在上边焊好即成为"松"。

[2] 朱俊芳：《定陵出土帝后首饰分析》，载《首届明代帝王陵寝研讨会·首届居庸关长城文化研讨会论文集》，科学出版社，2000 年，179 页。

例如，宋代陈元靓《岁时广记》"立春日"引万俟咏《立春》词："彩鸡缕燕已惊春，玉梅飞上苑，金柳动天津。"《春词》："彩鸡缕燕，珠幡玉胜，并归钗鬓。"[1]

鸡在中国人心目中是一种身世不凡的灵禽，汉代人编写的《春秋运斗枢》称"玉衡星散为鸡"，即鸡由星宿下凡变化而成。《祖庭事苑》也说："人间本无金鸡之名，以应天上金鸡星，故也，天上金鸡鸣，则人间亦鸣。"古代帝王每逢出巡，仪仗中有二十八星宿旗，相配二十八禽，其中"昴宿"上绘七星，下绘鸡，又叫"昴日鸡"。由于鸡世司守夜，故谓"常世之鸟"。在中国古人心中，黑夜是阴间鬼魅横行的时间，鸡鸣则天明，因此，鸡成为能使太阳复出，驱邪逐鬼的神鸟。晋代王嘉撰《拾遗记》："沉鸡鸣，色如丹，大如燕。常在地中，应时而鸣。声能远切，其国闻其鸣。"除了报时，鸡形也象征着春天的到来。在古人的观念里，鸡是具有文、武、勇、任、信"五德"的家禽，如汉代韩婴撰《韩诗外传》中形容鸡"夫首戴冠者，文也。足傅距者，武也。敌在前敢斗者，勇也。得食相告，任也。夜不失时，信也"。此外，鸡在汉语中，又与"吉"谐音，无形中又增加了祈福纳吉的价值。从鸡的风俗象征上说，鸡在古代文化中象征着驱逐邪恶、在腊月岁终送刑德迎春神（元旦为鸡日）的寓意。

春鸡的形象常被古人用于迎春之饰，如河南新乡延津县宋代陶瓷贵妇人偶的发髻上的黄褐色鸡形饰品（原文称"戴金（黄釉）凤冠"，图5-18）[2]。与彩燕不同，春鸡

---

[1] （宋）陈元靓：《岁时广记》，商务印书馆，1939年，81页。

[2] 贵妇人偶像高32.1厘米。灰黄色胎酥松，施化妆土，罩玻璃釉，色微黄，多细碎开片。模制，底部有透气孔。整个造型是一位贵妇坐于椅台上，头部簪花包髻，博鬓，戴金（黄釉）凤冠，黑彩涂绘表示头发，头后部的包髻巾为红色，发半露，梳髻。黑彩绘眉、眼、红彩点唇，鬓两侧有细细的发绺垂下（望野：《河南中部迤北发现的早期釉上多色彩绘陶瓷》，《文物》2006年第2期）。

既不是用彩帛制作，也不是用乌金纸剪成，而是"以羽毛条绘彩"[1]制成。查看图像可知，宋人用鸟羽粘缝出的春鸡和春燕，一般只做出双翅的造型，而不是鸡和燕的全形。粘缝后的鸟羽或用时系缚簪钗上，插于两鬓。例如，河北曲阳王处直墓出土的彩绘浮雕武士头盔的两侧就饰有鸟翅（图5-19）。而在武士头后还有一只雄鸡，其脚下踏着一只牛。"春鸡"、"土牛"都是春天的标志和象征。所以，笔者认为该武士头盔两侧的翅羽上应有"春鸡"的简略形式。这种翅羽的例子还

图 5-18 宋代陶瓷贵妇人偶（河南新乡延津县）

---

[1]（宋）陈元靓：《岁时广记》，商务印书馆，1939年，81页。

图 5-19 彩绘浮雕武士（河北曲阳王处直墓）

有很多，如河南许昌地区宋代陶瓷武士偶头冠的两侧也有翅羽装饰（原文称"凤翅盔"，图5-20）[1]。此外，宋人也有将鸟羽编缀成帽形扣戴于头部的例子，如《大傩图》中人物（图5-21）。

图5-20 宋代陶瓷武士偶
（河南许昌地区）

---

[1] 武士偶高22.6厘米。灰胎，施化妆土，罩玻璃釉，有少量开片。模制。黑彩绘眉、眼、胡须和盔的轮廓。黄、绿、红彩点缀武士头顶的凤翅盔，盔顶有珠。卧蚕眉，丹凤眼，枣红脸，阔口白齿，浓须长髯，大耳垂肩，耳后有红色垂缨。着绿色红黄彩轮花袍，腹部红彩藤黄花围肚，系黄色软巾，腰扎革带。右手按单盘腿的膝部，左手抱一只红嘴黄毛长尾鼬（望野：《河南中部迤北发现的早期釉上多色彩绘陶瓷》，《文物》2006年第2期）。

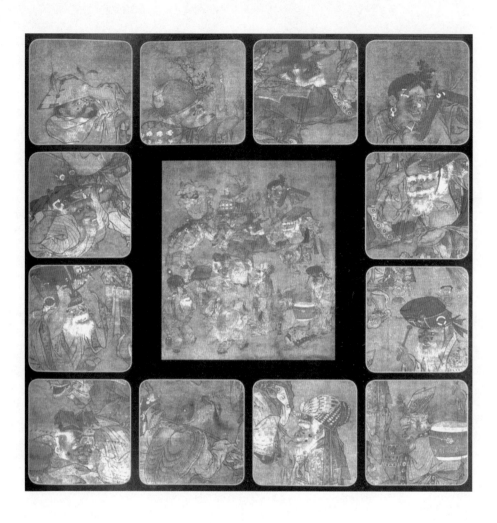

图 5-21《大傩图》（南宋 佚名，故宫博物院藏）

图 5-21《大傩图》局部

图 5-21《大傩图》局部线图

三、蛾儿雪柳黄金缕

与彩燕和春鸡相同，闹蛾也是宋人用于节令的饰品。关于闹蛾与草虫主题，扬之水先生在《明代头面》一文中有颇为精彩的论述[1]，颇有启发该习俗至迟在唐代已有。唐人张祜《观杨瑗柘枝》诗云：

> 促叠蛮鼍引柘枝，卷帘虚帽带交垂。紫罗衫宛蹲身处，红锦靴柔踏节时。
> 微动翠蛾抛旧态，缓遮檀口唱新词。看看舞罢轻云起，却赴襄王梦里期。[2]

陕西西安玉祥门外隋朝李静训墓出土了一件黄金闹蛾扑花（图5-22）。李静训乃光禄大夫李敏与周宣帝之女宇文娥英的女儿，外祖母是隋文帝长女。据墓志记载，李静训幼年随外祖母生活，九岁卒，葬于长安皇城西的休祥里万善道场。由于她身份特殊，故随葬品极尽奢华，墓中有大量金银玉器和瓷器、玻璃器等。该墓出土的黄金闹蛾扑花是由一簇簇六瓣花朵的小花组成，上有一只大花蛾飞于花丛中，其下有三叉簪脚，可固定于发髻间。整个头饰制作精致，华贵灿烂，正如其墓志铭上所说："戒珠共明珰并曜，意花与香佩俱芬。"[3]安徽合肥西郊南唐保大年间的墓葬中出土了一件长银步摇（长18厘米），其顶端有四只银蛾作飞舞状，下有垂珠玉串饰。

在宋代，每年正月十五上元夜都会解除宵禁，特许人们彻夜游玩。妇女们

---

[1]　扬之水：《明代头面》，《中国历史文物》2003年第4期，28页。

[2]　（清）彭定求等：《全唐诗》十五册，中华书局，1960年，5827页。

[3]　中国社会科学院考古研究所：《唐长安城郊隋唐墓》，文物出版社，1980年，图版一〇：3。

可以穿戴整齐走出闺门，赏灯看月，尽兴游玩。作为应令的装饰，簪戴闹蛾在宋代已成为一种风气。辛弃疾在《青玉案·元夕》中先描写了元宵的热闹景致："东风夜放花千树。更吹落、星如雨。宝马雕车香满路。凤箫声动，玉壶光转，一夜鱼龙舞。"然后出现了一位头戴"蛾儿雪柳黄金缕"的女性在"灯火阑珊处"游玩。宋代杨无咎《人月圆》词："闹蛾斜插，轻衫乍试，闲趁尖耍。百年三万六千夜，愿长如今夜。"[1] 可见，在宋代，与彩灯、箫鼓、烟火、歌舞一样，簪戴闹蛾成为热闹节日的一部分。

其实，不仅是上元夜，元旦、立春之日也可簪戴闹蛾。《金瓶梅词话》第七十八回："（正月元旦）放炮仗，又嗑瓜子儿，袖香桶儿，戴闹蛾儿。"[2] 且男性也可簪戴。明代沈榜《宛署杂记》称元旦出游时，"大小男女，各戴一枝于首中，

图 5-22 黄金闹蛾扑花（陕西西安玉祥门外隋朝李静训墓）

[1] 唐圭璋：《全宋词》，中华书局，1965 年，1199 页。

[2] （明）兰陵笑笑生：《金瓶梅词话》，上海中央书店，1935 年，1018 页。

贵人有插满头者"[1]。男子戴闹蛾的情形在北京故宫博物院藏南宋《大傩图》中有生动的表现，在舞者人群中就有在头戴巾帽的当心缝缀闹蛾形象。其热闹景象与周密撰《武林旧事》卷二中记载元夕"内人及小黄门百余，皆巾裹翠蛾，效街坊清乐傀儡，缭绕于灯月之下"的情景颇为吻合。孙景琛在《〈大傩图〉实名辨》一文中指出，《大傩图》表现的是明代京城民间迎春舞队或社火时的场面[2]。此外，传北宋苏汉臣《五瑞图》表现的是，在春天庭院里，几个孩童穿着彩衣，勾画脸谱，戴着面具，模仿大人们跳"大傩舞"的情景。在其中那位模仿药师的儿童头上插着的春幡上就吊着一个白色的闹蛾（图5-23）。

　　"闹蛾"又作"闹鹅"、"春蛾"或"闹嚷嚷"。"闹鹅"如《宣和遗事》后集："京师民有似云浪，尽头上戴着玉梅雪柳闹鹅儿，直到鳌山下看灯。"又《水浒传》第六十六回说鼓上蚤时迁挟着的篮子"上插几朵闹鹅儿"。"春蛾"如明代信阳人周复元《迎春曲》在描述北京的迎春习俗时称"春胜春蛾闹五侯"[3]。"闹嚷嚷"如《宛署杂记》记载元旦出游，人们都头"戴闹嚷嚷"[4]；清代王夫之《杂物赞·活的儿》

---

[1]（明）沈榜：《宛署杂记》卷十七，北京古籍出版社，1980年，190页。

[2] 自周代始，人们已有在每年腊月穿着特殊服饰驱鬼逐疫的习惯，即"傩仪"、"傩祭"的仪式。仪式中由方相氏和十二"兽神"和一百二十"伥子"装扮成凶恶的"瘟神"。《周礼·夏官司马》记载大傩的主角方相氏为"掌蒙熊皮，黄金四目，玄衣朱裳，止戈扬盾，帅百隶而时傩"。此外，十二"兽神"也都披着"有衣毛角"的假形，戴奇形怪状的面具，或装扮"虎首人身、四蹄长肘"、"兼具牛和虎双重性"的怪兽。

[3]（明）信阳周复元《迎春曲》："淑气晴光万户开，芊绵草色先蓬莱。林皋百鸟声相和，宫阙五彩云相回。东风猎猎赤旗止，金甲神人逐队起。群公吉服迎勾芒，乡人傩衣驱祟鬼。豹虎竿头御河柳，游丝荡漾莺求友。春胜春蛾闹五侯，恩光暗入谁先有。"（明）刘侗、于奕正：《帝京景物略·春场卷》，北京出版社，1983年，65页。

[4]（明）沈榜：《宛署杂记》卷十七，北京古籍出版社，1980年，190页。

图 5-23《五瑞图》局部（北宋 苏汉臣，台北故宫博物院藏）

引宋代柳永词云："所谓'闹蛾'儿也，或亦谓之闹嚷嚷。"[1]

　　蛾的形状与蝴蝶略似。区别在于蛾的腹部短粗，触角呈羽状，静止时双翅平伸；而蝴蝶的翅膀和身体有鲜艳的花斑，头部有一对棒状或锤状触角，翅宽大，停歇时翅竖立于背上。蝴蝶多在白天活动，蛾子习惯在夜间活动，且有趋光的习性。顾名思义，中国古人称"闹蛾"是取蛾儿戏火之意。它正与上元夜街上装点的各色灯笼相呼应。但古人也多将闹蛾做成蝴蝶形，如宋代范成大《上元纪吴中节物俳谐体三十二韵》有"花蝶夜蛾迎"，"花蝶"句下自注云："大白蛾花，无贵贱悉戴之，亦以迎春物也。"实物如陕西历史博物馆藏唐代鎏金银蝴蝶头饰（图5-24）。[2] 该实物主体纹样为一只蝴蝶纹，边饰錾刻的花卉图案，蝴蝶的髯须外张。

　　宋代词人史浩在《粉蝶儿·元宵》中写到："闹蛾儿，满城都是。向深闺，争翦碎，吴绫蜀绮。点妆成，分明是，粉须香翅。"元代张翥《一枝春·闹蛾》："宫罗轻剪。翩翩鬓影，侧映宝钗双燕。"[3] 由此可知，古代妇女们先用丝绸剪出闹蛾的形状，再用笔勾画出须、翅等细节。除了丝绸，闹蛾还以乌金纸剪裁成形，并朱粉点染，加绘色彩。明代刘若愚《酌中志》："自岁暮正旦，咸头戴闹蛾，乃乌金纸裁成，画颜色装就者；亦有用草虫、蝴蝶者。咸簪于首，以应节景。"王夫之《杂物赞·活的儿》："以乌金纸剪为蛱蝶，朱粉点染。"[4]《元明事类钞》引《北

---

[1]（明）王夫之：《王船山诗文》，中华书局，1962年，97页。

[2] 申秦燕：《陕西历史博物馆珍藏·金银器》，陕西人民美术出版社，2003年，图一一九。

[3]（元）张翥《一枝春·闹蛾》："雾翅烟须，向云窗斗巧，宫罗轻剪。翩翩鬓影，侧映宝钗双燕。银丝蜡蒂，弄春色、一枝娇颤。谁网得、金玉飞钱，结成翠羞红怨。灯街上元又见。闹春风篸定，冠儿争转。偷香傅粉，尚念去年人面。妆楼误约，定何处、为花留恋。应化作、晓梦寻郎，采芳径远。"唐圭璋：《全金元词》下，中华书局，1979年，1013页。

[4]（明）王夫之：《王船山诗文》，中华书局，1962年，97页。

（左）图 5-24 唐代鎏金银蝴蝶头饰（陕西历史博物馆藏）

（右）图 5-25 金片蝴蝶线图（湖北麻城北宋石室墓）

京岁华记》："元旦人家儿女，剪乌金纸作蝴蝶戴之。"[1] 湖北麻城北宋石室墓棺床北部正中曾出土一件轻薄的金纸片，其一作成蝴蝶（图5-25），余皆镂作花草。

闹蛾有时是在布帛上直接绘画而成的，如黑龙江阿城金墓中王妃头戴的花珠冠的下沿就有一条蓝地黄彩蝶装花罗额带（图5-26）。带前额部宽 5.3 厘米，印绘着四只形态各异的金彩蝴蝶纹。上面还保留着绘金的痕迹，每只蝴蝶长 8 厘米，宽 4.8 厘米，四只蝴蝶总长约 35 厘米。原系于花珠冠额沿部，带纽系结于冠后。《五瑞图》中，在一个儿童头戴的巾帽两侧上就绘有一个金闹蛾形象。

明代墓葬中出土了很多蝴蝶形的闹蛾实物。例如，南京太平门外岗子村吴忠墓出土的一对蝴蝶形金闹蛾（图5-27），墓葬年代为洪武二十三年（1390 年），闹蛾长 7.3 厘米。[2] 先用锤镍工艺做成蝴蝶形状，再用錾刻工艺做出蝶翅上细密的

---

[1]《元明事类钞》，四库全书珍本初集本。

[2] 胡华强：《明朝首饰冠服》，科学出版社，2005 年，63 页。

图 5-26 蓝地黄彩蝶装花罗额带（黑龙江阿城金墓,《金代服饰——金齐国王墓出土服饰研究》）

纹饰。蝶髯用金丝缠绕，双目凸出。整个蝴蝶线条流畅，给人以展翅欲飞的姿态。同类器物还有南京太平门外尧化门出土的一件蝴蝶形金闹蛾（图5-28），以金丝制成蝴蝶的长髯，用锤鍱和花丝工艺制成两层的蝶翅形状。此外，南京中华门外郎家山宋晟墓出土一对蝴蝶形金闹蛾（图5-29），其制作方法与吴忠墓出土的金闹蛾相似，只是在蝶翅上另有錾刻的圆圈细点纹饰及一些用于系缀的针孔。

四、玉梅对妆雪柳

除了闹蛾，宋代女性还有在元宵节插雪柳和菩提叶、七月立秋日插楸叶、夏至日簪楝叶的习俗。

雪柳是以纸、绢制成，状如柳条的装饰物。宋人《宣和遗事》："京师民有似云浪，尽头上戴着玉梅、雪柳、闹蛾儿，直到鳌山下看灯。"[1] 李清照《永遇乐·元宵》词："中州盛日，闺门多暇，记得偏重三五。铺翠冠儿，捻金雪柳，簇带争济楚。"[2] 马子严《孤鸾·早春》词："玉梅对妆雪柳，闹蛾儿、象生娇颤。归去争先戴取，倚宝钗双燕。"[3] 古代妇女竞插玉梅、雪柳的盛况，由此可以想见。其形象如《大傩图》中的人物，其头右侧簪玉梅、左侧簪闹蛾，额前插的那个长条状的物件便应是雪柳了。该图中还有一人物在额前戴有闹蛾，其上也插了两枝雪柳。

菩提叶为菩提树之叶，叶子呈鸡心形，古代妇女插在头上以为装饰，多用于元宵节。菩提树原产于印度，后随佛教传入中国。相传释迦牟尼就是在菩提树下

---

[1]（宋）无名氏：《新刊大宋宣和遗事》，中国古典文学出版社，1954年，72页。

[2] 唐圭璋：《全宋词》，中华书局，1965年，931页。

[3] 唐圭璋：《全宋词》，中华书局，1965年，2070页。

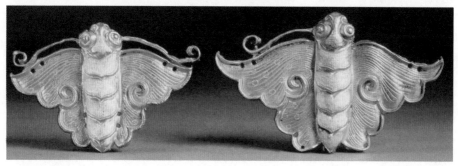

（上左）图 5-27 蝴蝶形金闹蛾（南京太平门外岗子村吴忠墓，《金与玉——公元 14—17 世纪中国贵族首饰》）

（上右）图 5-28 蝴蝶形金闹蛾（南京太平门外尧化门，《金与玉——公元 14—17 世纪中国贵族首饰》）

（下）图 5-29 蝴蝶形金闹蛾（南京中华门外郎家山宋晟墓，《金与玉——公元 14—17 世纪中国贵族首饰》）

顿悟，从而成佛，所以菩提树也受到人们的珍视。为了满足节日之需，也有用纸绢做成者。在北宋都城汴京，南宋都城临安，有不少专卖这类饰物的小贩，穿梭往来于街巷之中。《东京梦华录》："市人卖玉梅、夜蛾、蜂儿、雪柳、菩提叶。"《武林旧事》："元夕节物，妇人皆戴珠翠……菩提叶。"《大傩图》中戴瓦楞帽者的头两侧各插了一片菩提叶。插戴菩提叶的妇女形象在敦煌莫高窟的壁画中也多有反映（图 5-30）。

南宋吴自牧《梦粱录》记每年七月立秋这一天杭城内外"侵晨满街叫卖楸叶，妇人女子及儿童辈争买之，剪如花样，插于鬓边，以应时序"[1]。楸，落叶乔木，叶子三角状卵形或长椭圆形，花冠白色，有紫色斑点，木材质地细密，可供建筑、造船等用。因"楸"字从"秋"，故被视为秋天的象征，专用于立秋。唐、宋、明时期多为妇女及儿童使用，以象征秋意。《东京梦华录》："立秋日，满街卖楸叶，妇女儿童辈，皆剪成花样戴之。"《武林旧事》："立秋日，都人戴楸叶，饮秋水、赤小豆。……大抵皆中原旧俗也。"明代李时珍《本草纲目》："唐时立秋日，京师卖楸叶，妇女、儿童剪花戴之，取秋意也。"安徽合肥五代南唐墓出土的木俑头部见有镂空的银制花叶，或是楸叶的模型。

楝叶为楝树之叶，叶形宽阔。《淮南子·时则训》："七月官库，其树楝。"高诱注："楝实秋熟，故其树楝也。"古代男女常于夏至日摘之插于两鬓，如《荆楚岁时记》："夏至节日，食粽。……民斩新竹笋为筒粽，楝叶插头。"又"士女或取楝叶插头，彩丝系臂，谓之长命缕"[2]。

五、罗薄剪春虫

除了诗词中常见的闹蛾、雪柳外，宋代妇女还在发髻上簪戴一种小簪子，簪首一般用黄金、宝石和美玉等做成蜻蜓、蚂蚱、鸣蝉、蜜蜂、蜘蛛、蝎子等昆虫

---

[1]（宋）吴自牧：《梦粱录》卷四，七月条。

[2]（梁）宗懔：《荆楚岁时记》，岳麓书社，1986 年，40 页。

图 5-30 插戴菩提叶
妇女形象（敦煌莫高
窟壁画）

形状，斜斜地插在发髻上，别开生面。

簪戴昆虫样式的首饰其俗源自唐代。这些昆虫在春夏萌动。唐人李远《立春日》有"罗薄剪春虫"[1]，宋代陶谷《清异录》称："后唐宫人或网获蜻蜓，爱其翠薄，遂以描金笔涂翅，作小折枝花子。"这是用蜻蜓翅膀做花钿簪于首的又一例子。明代沈榜《宛署杂记》称闹蛾（闹嚷嚷）有"为飞鹅、蝴蝶、蚂蚱之形，大如掌，小如钱"[2]。朱弁《续骫骳说》"元宵词"条云："又妇女首饰，至此一新，髻鬟鬓鬓参插，如蛾、蝉、蜂、蝶、雪柳、玉梅、灯球，袅袅满头，其名件甚多。"在明代《天水冰山录》中有许多草虫首饰的名称，如"金镶玉草虫首饰一副（计十一件，共重一十六两一钱）、金镶草虫点翠嵌珠宝首饰一副（计十一件，共重一十八两二钱）、金镶草虫嵌珠宝首饰一副（计九件，共重九两二钱）"[3]等，《金瓶梅》第二十回中也称"金玲珑草虫儿头面"，可见这类饰件的题材应统称为"草虫"。

在明代草虫题材中，最普遍的应属金蝉了。如宋代金盈之《新编醉翁谈录》卷三记京城风俗，曰正月里妇人"又插雪梅，凡雪梅皆缯楮为之，又有宜男蝉，状如纸蛾而稍加文饰"。除了冠上的饰蝉，在金银饰品的制作中也流行以蝉为主题。明清以后其制作工艺非常精美逼真。无锡江溪明华复诚妻曹氏墓出土的头饰中挑心的佛像簪的左右各插一支玉叶金蝉簪（图5-31），其簪头在银托上嵌玉叶，叶上栖金蝉。江苏吴县五峰山出土了一件玉叶金蝉簪（图5-32）。该玉叶外形扁薄，玲珑剔透，长5.1厘米。其上衬托一只金光闪烁，形神毕肖的金蝉，蝉长2.4厘

[1]（唐）李远：《立春日》，《全唐诗》十五册，中华书局，1960年，5930页。

[2]（明）沈榜：《宛署杂记》卷十七，北京古籍出版社，1980年，190页。

[3]（明）陆深等：《明太祖平胡录》，北京古籍出版社，2002年，126—128页。

米。全簪共重4.65克。遗憾的是其底托和簪脚已经遗失。金蝉在玉叶上栖息奏鸣，寓意玉振金声。金蝉玉叶是国人金玉观念的生动写照，形象妙趣横生，具有极高的艺术鉴赏价值。另外，在台湾全圆艺术中心也收藏有一件金蝉实物（图5-33），金蝉长9.5厘米。明代金蝉风格写实逼真，注重细节刻画，制作异常精美，反映了明人高超的细金工艺水平。

作为以农耕经济为基础的中国传统服饰文化，在形态上必然会对此有所反映。将时令花卉鸟虫按时节插饰在发髻间，不仅能够反映自然景观的轮回，还能浓缩出"天人合一"的气象。当然，古人也会用燕子、春鸡、蛾、蝶等事物象征某些季节和节日的来临，用以释放情绪。这些内容丰富多彩，散发着浓郁的芬芳，穿越了历史的长河，一刻也未曾消失于人们的集体记忆中。

宋代物质生活繁荣，精细手工业发展，生活空间日益狭小，这些因素都促成了足不出户的深闺女子，日益对梳妆打扮、绾发绕髻、簪插戴饰的关注。可以说，服饰生活成为宋代上层女性填补寂寥生活，营造个人生活空间的必备内容和功课。虽然这个时代以素雅简朴、修长苗条、纤弱文静为女性审美典范，但精致的抹领，对襟无带、两侧开衩的褙子，轻薄似雾的纱罗质地，都为宋代女性平添

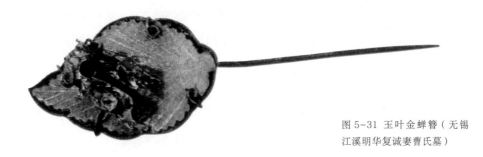

图5-31 玉叶金蝉簪（无锡江溪明华复诚妻曹氏墓）

（左）图 5-32 玉叶金蝉簪
（江苏吴县五峰山）

（右）图 5-33 金蝉（台湾
全圆艺术中心收藏）

了一份神秘与性感的气息。在举手投足间，透过衣衩开合而若隐若现的内衣和肌肤，无疑具有撩拨人心的美感。可以说，女子服饰风尚不仅是宋代服饰文明的重要组成部分，还是宋人物质与文化生活的真实写照，反映了宋代社会艺术与审美的流行与时尚观。

衣冠之变

辽金元女子服饰时尚

辽金元（907—1368 年）时期持续了 460 多年，是中国历史上的重要时期。辽金元时期的服饰在中国服饰发展史上具有独特的面貌和重要性，但却是中国服饰文化研究中最为薄弱的部分。这一时期，不同的政权更迭交错，辽、金先后与北宋、南宋对峙，蒙元则与金、南宋纷争；这一时期，民族成分众多，杂居而处，汉族、契丹、女真、蒙古等碰撞交流，胡汉之间的生活和文化从壁垒隔阂到拆墙纳美，各汲所长。

在服饰方面，这一时期的胡汉服饰文化各有特色，交相辉映，形成了中国服饰文化的多样性和多元性；同时，胡汉服饰文化又交流互动，相互影响，形成了中国服饰的包容性和丰富性。正是经过这一时期服饰文化的交融和濡化，形成了中国服饰文化"衣冠之海，有容乃大"的大国风范。这在女性服饰方面表现得尤为明显。

第一节 契丹女性"佛妆"考

一、"佛妆"初见

宋哲宗元祐六年（1091 年），北宋彭汝砺以集贤殿修撰、刑部侍郎充太皇太后贺辽主生辰使的身份出使辽国。[1] 作为南国的使者，使辽途中，彭汝砺便深刻

---

[1] 彭汝砺（1041—1095 年），字器资，饶州鄱阳（今江西鄱阳）人。宋哲宗元祐六年（1091 年）出使辽国，其《鄱阳诗集》载使辽诗六十首。

感受到辽地冬季的环境之恶劣，并发出了"万里沙陁险且遥，雪霜尘土共萧条"、"狼顾鸟行愁覆溺，一日不能行一驿"的行程艰难的感叹[1]。然而更让彭汝砺印象深刻的是，他见到辽地的妇女竟然呈现出一种奇怪的"黄面黑吻"的容貌，这让看惯了面若桃花的南国脂粉之色的他大为惊异，以为这些妇女得了某种奇怪的瘴疾，不禁询问接待他们的辽朝官员。辽朝的官吏却不无矜夸地告诉他，这其实是辽国女性一种独特的美容护肤术——"佛妆"。有感于此，彭汝砺遂作诗《妇人面涂黄而吏告以为瘴疾问云谓佛妆也》[2]，以纪此事，诗中表达了初来乍到的他对辽国女性这种面黄黑吻的"佛妆"产生的讶异与误解，诗云：

> 有女天天称细娘，真珠络髻面涂黄。华（南）人怪见疑为瘴，墨吏矜夸是佛妆。

诗中提到辽国燕姬"面涂黄"的"佛妆"正是契丹女子在冬天流行的一种妆容，也是一种奇特的美容护肤术，其最大的特点是将面部抹黄，经冬不洗，与南国女子以脂粉饰面大异其趣。

二、"佛妆"之"妆"

宋使至辽，都对辽地妇女的这种特殊的妆容颇为好奇，屡有记载。

彭汝砺使辽三年后（1094 年），北宋张舜民以秘书少监身份被遣充回谢大辽

---

[1] 彭汝砺使辽诗见蒋祖怡等：《全辽诗话》，岳麓书社，1992 年，318—320 页。

[2] 此诗《宋诗纪事》题为《燕姬》，《全辽诗话》中题为《佛妆》。参见《全辽诗话》，岳麓书社，1992 年，161—162、321 页。

吊祭宣仁圣烈太皇太后礼信使使辽，留下若干使辽诗和对辽地风俗的记载。宋人叶隆礼撰《契丹国志》辑录张舜民《使北记》记载："北妇以黄物涂面如金，谓之'佛妆'。"[1] 明人陶宗仪《说郛》卷三则辑录张舜民《使辽录》曰：辽国"胡妇以黄物涂面妆，谓之物妆"，"物妆"即"佛妆"[2]。

《北京市志稿》也辑录了清人严绳孙《西神脞说》中关于佛妆的记载："辽时，燕俗妇人有颜色者目为细娘，面涂黄，谓为佛妆。"[3]

彭汝砺与严绳孙等诗文中所谓"燕地"即现在的北京地区，北京在当时是辽国"五京"之一的"南京"。会同元年（938 年）十一月，后晋石敬瑭把包括今北京地区和河北与山西两省北部的燕、云等十六州之地作为献媚和酬谢的礼物割让给契丹。从此，辽的版图延伸到了华北大平原。契丹得到燕云十六州之后，便把幽州升为五京之一，作为辽的陪都，改称南京，又称燕京，府名幽都。在燕地，契丹族与汉族、女真族杂居而处，作为契丹政权的陪都，也流行契丹女性"以黄物涂面"的美容化妆术——"佛妆"。

宣和年间（1119—1125 年），北宋地理学家朱彧辑录《萍洲可谈》一书，其中记载其父使辽时，见有妇人"面涂深黄，谓之'佛妆'，红眉黑吻，正如异物"[4]。

北宋末南宋初年间人庄绰在他辑录轶闻旧事的《鸡肋编》中进一步介绍了这种被南方人视为"异物"的妇女化妆法："（燕地）其良家士族女子皆髡首，许嫁，

---

[1]（宋）叶隆礼：《契丹国志》卷二十五张舜民《使北记》，上海古籍出版社，1985 年，242 页。

[2]（宋）张舜民：《使辽录》，见（明）陶宗仪：《说郛》卷三，中国书店据涵芬楼 1927 年影印，1986 年，191 页。

[3] 吴延燮等：《北京市志稿》第七册《礼俗志》，北京燕山出版社，1988 年，167 页。另见蒋祖怡：《全辽诗话》，岳麓书社，1992 年，161 页。

[4]（宋）朱彧：《萍洲可谈》卷二，中华书局，2007 年，142 页。

图 6-1 壁画中右一为髡首的契
丹女性（宣化下八里辽墓）

衣冠之变：辽金元女子服饰时尚

239

方留发。冬月以括蒌涂面，谓之佛妆，但加傅而不洗，至春暖方涤去，久不为风
日所侵，故洁白如玉也。其异于南方如此。"[1]（图 6-1）

　　所谓括蒌即栝楼，是一种藤生植物，其根、果实、果皮、种子皆可入药，
其果实名"黄瓜"，宋人唐慎微《证类本草》"栝楼"条谓其有"悦泽人面"的
功效[2]。唐代本草学家日华子在《日华子诸家本草》中说，栝楼子可"润心肺，

───────

[1]（宋）庄绰：《鸡肋编》，中华书局，1983 年，15 页。

[2]（宋）唐慎微：《证类本草》卷八"栝楼"条，华夏出版社，1993 年，217 页。

疗手面皲",栝楼根则有治疗疮疖、生肌长肉的作用[1]。总之,栝楼有治疗皮肤皲裂、冻疮的功效(图6-2)。

从庄绰等人的记载和描述中可知:"佛妆"是契丹贵族世家女性所采用的一种独特的兼具保养护肤和美容装饰作用的美容术;其主要原料是栝楼提取物;主要用于冬季和初春季节,一层层敷加涂抹在脸上,形成一种黄色的保护膜,直到春天暖和时方才洗去,类似于今天的免洗面膜;其作用是抵御沙尘风雪对皮肤的侵袭;经过整整一个冬天和春天的保养,暮春时节洗掉这层面膜时,其结果是皮肤"洁白如玉",焕然一新。

图 6-2 栝楼

[1]（唐）日华子撰,常敏毅集辑:《日华子诸家本草》,宁波市卫生局,1985 年,22 页。也有学者认为日华子为五代十国吴越人。

三、"佛妆"之"用"

辽国女性这种独特的妆容跟契丹民族生活的地理环境和气候条件有直接的关系。根据《辽史·地理志》的记述可知，辽朝鼎盛时期的版图幅员万里：东临日本海；南至今河北中部和陕西北部；西逾阿尔泰山，到额尔齐斯河；北抵外兴安岭和贝加尔湖，近安加拉河；东北到鄂霍次克海和库页岛。[1]

契丹民族的活动范围主要在北地塞外苦寒之地，寒冷期长，冬天长期受西伯利亚冷空气盘踞影响，寒风凛冽，大雪纷飞，更兼千里冰封，万里沙尘，对皮肤损伤很大。五代时期，后晋同州郃阳县令胡峤于契丹会同十年(947 年)入契丹，因故陷居契丹七年，于后周广顺三年（953 年）才亡归中原。[2] 根据在契丹的见闻，胡峤写成记述契丹地理风俗的《陷北记》，其中记载他在盛夏七月入契丹境，就感受到北地的寒冷："时七月，寒如深冬。又明日，入斜谷，……寒尤甚。""契丹若大寒。"[3]

后来宋朝的使者在出使大辽时更深切地感受到了这种切肤彻骨的寒冷。

1004 年（宋真宗景德元年、辽圣宗统和二十二年），辽、宋订立澶渊之盟。此后，两朝之间按例按时互遣贺正旦使、生辰使，此外还有告哀使、告登位使、吊慰使、贺登位使、贺册礼使、回谢使、普通国信使等，岁岁遣使通好，星轺

---

[1] 张修桂：《辽史地理志汇释》，安徽教育出版社，2001 年，10 页。

[2] 胡峤，生卒年月不详，字文峤，五代后晋时期华阳（今安徽绩溪华阳镇）人。胡峤曾为后晋同州郃阳县令。契丹会同十年(947 年)，他作为宣武军节度使萧翰掌书记随入契丹，后萧翰被告发谋反见杀，胡峤无所依，羁居契丹七年（后晋天福十二年至广顺三年），于周广顺三年（953 年）亡归中原。根据在契丹七年的见闻，胡峤写成记述契丹地理风俗的《陷北记》，又称《陷虏记》。

[3]（宋）叶隆礼：《契丹国志》卷二十五胡峤《陷北记》，上海古籍出版社，1985 年，237 页。

相属一百多年。

"正旦"或"元旦"即正月初一日，在宋、辽两国都是重要的官定节日。这一天宋朝要举行隆重的"元旦朝会"，辽国也要举行隆重的"正旦朝贺仪"和宴会，诸臣、亲王和外国使者都要朝驾，庆贺新年。宋辽时期，皇帝和太后的生日皆为"圣节"。过圣节时，要举行隆重的祝贺仪式，两朝一般每年都会互相派遣贺生辰使前往祝贺。[1]

由于宋朝使节尤其是正旦使和一些生辰使往返契丹的时间恰逢隆冬和初春时节，寒冷异常，因此，皇帝要特赐冬季出使辽朝的使节御寒之衣裘，以示君王之恩宠眷顾。但毕竟南北环境、气候迥异，辽地之奇寒非一般可比，虽有裘衣蔽体，但"北风吹雪犯征裘"[2]的滋味，也非南国使者可以适应的。因此在宋朝使者的使辽诗和使辽的见闻录中，经常可以看到他们对于辽地冬天风沙冰雪恶劣环境的记录和累其所苦的感受。

　　草白岗长暮驿赊，朔风终日起平沙。寒鞭易促鄣泥跃，冷袖难胜便面遮。（韩琦《紫蒙遇风》）

　　立望尧云搔短发，不堪霜雪苦相侵。（彭汝砺《望云岭饮酒》）

　　北风吹沙千里黄，马行确荦悲摧藏。……一年百日风尘道，安得朱颜长美好？

---

[1] （宋）叶隆礼《契丹国志》卷八《兴宗文成皇帝》载："宋朝自圣宗太平四年（1024年），每岁遣使贺帝生辰及元旦，贺太后则别遣使。"上海古籍出版社，1985年，78页。

[2] （宋）欧阳修：《奉使道中作三首》，《全辽诗话》，岳麓书社，1992年，279、280页。1055年，欧阳修以翰林学士、吏部郎中、知制诰、史馆修撰假右谏议大夫充贺辽道宗登位国信使。

（欧阳修《北风吹沙》）

马饥啮雪渴饮冰，北风卷地寒峥嵘。马悲踯躅人不行，日暮途远千山横。（欧阳修《马啮雪》）

万里尘沙卷飞雪，却持汉节使呼韩。（郑獬《被命出使》）

地风狂如兕，来自黑山傍。……飞沙击我面，积雪沾我裳。……况在穷腊后，堕指乃为常。（郑獬《回次妫川大寒》）

我行朔方道，风沙杂冰霜。朱颜最先黧，绿发次第苍。（沈遘《道中见新月寄内》）

这些使辽诗中描述的不仅是冰天雪地、朔风凛冽和漫天沙尘，还有对在这种恶劣环境下肌肤不胜侵袭的无奈感叹："冷袖难胜便面遮"，"飞沙击我面"，"朱颜最先黧"，"一年百日风尘道，安得朱颜长美好？"

王安石约于嘉祐八年（1063 年）暮春使辽，但他看到的北国春光是与江南春色迥异的"塞垣春枯积雪溜，砂砾盛怒黄云愁"的景象[1]，暮春的余寒已让他心有余悸了："扪鬓只得冻，蔽面尚疑创。"[2] 来到凄冷苦寒的北地，南国的使者们都成了"风刀霜剑严相逼"的林黛玉。

———

[1]（宋）王安石：《奉使道中寄育王山长老常坦》，《全辽诗话》，岳麓书社，1992 年，286 页。
[2]（宋）王安石：《余寒》，《全辽诗话》，岳麓书社，1992 年，287 页。

前面提到的彭汝砺的《大小沙陀》[1]最为典型：

> 大小沙陀深没膝，车不留踪马无迹。曲折多途胡亦惑，自上高冈认南北。大风吹沙成瓦砾，头面疮痍手皴折。下带长水蔽深驿，层冰峨峨霜雪白。狼顾鸟行愁覆溺，一日不能行一驿。

诗中既抱怨了环境之恶劣和旅途之艰难，更直接道出了这种环境对他皮肤的损害——"头面疮痍手皴折"，可谓深受其苦。彭汝砺出使辽国正值隆冬时节，正是塞北至寒、朔风至冽之时，因此感受颇深，也因此能看到契丹女性应对寒冷冬季的独特妆容——"佛妆"。

契丹为生活在大漠之间的游牧民族，长期过着逐水草而居的渔猎生活。"儿童能走马，妇女亦腰弓。"[2]与宋朝中原女子深居闺房之中不同，契丹女子长于鞍马之上，善于骑射。契丹妇女社会地位很高，有权并广泛地参与政治、军事、文化等各种社会事务。《辽史·后妃传》："论曰辽以鞍马为家，后妃往往长于射御，军旅田猎，未尝不从。如应天之奋击室韦，承天之御戎澶渊，仁懿之亲破重元，古所未有，亦其俗也。"[3]辽太祖应天皇后述律平、辽景宗承天皇后萧绰、辽兴宗仁懿皇后萧挞里都胸有谋略，善于骑射，都曾经率兵勒马，挥鞭行阵，有不俗的军事表现，是契丹女性的佼佼者。这种和男性一样的户外生活，不仅是体能、技

---

[1] 沙陀，即沙碛，沙石积成的沙滩地，或指沙漠。小沙陀约在辽上京道永州南土河（今老哈河）中游以南（今内蒙古奈曼旗西李家营子、乌兰图格以南）。大沙陀即在土河以北至潢河（今西拉木伦河）这一三角洲地带。

[2] （宋）欧阳修：《奉使道中五言长韵》，《全辽诗话》，岳麓书社，1992年，280页。

[3] （元）脱脱等：《辽史》，中华书局，1974年，1207页。

能和智能上的挑战，也不可避免地会损毁她们的容颜。对具有保养作用的护肤、美容用品的需求成为一种必然。

庄绰《鸡肋编》中所说的"括蒌"恰好有"疗手面皲"和"悦泽人面"的功效，将之捣汁儿来层层涂面，形成独特的"佛妆"。在这种纯中草药制剂的免洗面膜的保护和滋养下，契丹女性的肌肤可以经受住严冬恶劣天气的摧残与考验，并在春天获得光洁如玉、白嫩细腻的面容，显露北国女性难得的妩媚与柔美。这也难怪契丹的贵族女性们会在严寒的冬季人人争当"黄脸婆"了。

夏至年年进粉囊，时新花样尽涂黄。中官领得牛鱼鳔，散入诸宫作佛妆。[1]

对契丹女性来说，南国的胭脂粉黛比较适合夏天的妆容，却不能满足她们冬日的需求，她们对具有保养作用的护肤用品的需求更为真切和实际，而不仅仅是中原女子"女为悦己者容"的浪漫与温婉。这种实用的佛妆遂成为辽代北地女性在冬天保养皮肤的一种特殊化妆时尚，宫中来自江南的女性也不得不入乡随俗进行效仿：

也爱涂黄学佛妆，芳仪花貌比王嫱。如何北地胭脂色，不及南都粉黛香。[2]

言语中充满了以北地佛妆代南国脂粉的无奈及家国之失的悲伤与慨叹。

---

[1] （清）史梦兰著，张建国校注：《全史宫词》，大众文艺出版社，1999年，467页。（宋）孔平仲撰《孔氏谈苑》载："契丹鸭渌水牛鱼鳔，制为鱼形，妇人以缀面花。"参见车吉心、王育济主编：《中华野史·宋朝卷》，泰山出版社，2000年，970页。

[2] （元）柯九思等：《辽金元宫词》，北京古籍出版社，1988年，42页。

四、"佛妆"之"佛"

这种以栝楼汁儿涂面的护肤术之所以叫"佛妆",恐怕跟辽代的崇佛之风不无关系。

闲依古佛学趺跏,缨珞庄严宝相夸。一岁饭僧三十五,他生只愿住中华。[1]

这是辽道宗耶律洪基所做的诗,其崇佛、尚佛之心可见一斑。辽代社会流行佛教、道教,还有自然崇拜、灵魂崇拜、祖先崇拜、萨满教多神崇拜等,佛教最为兴盛。这也正是契丹女子"黄面"妆容以"佛妆"命名之的由来。

在辽建国之初,佛教就已经是社会普遍信仰的宗教了;建国之后,崇佛之风有增无减。佛教的兴盛,对辽代的政治、经济、思想观念、文化艺术、社会习俗、日常生活诸多方面都产生了明显的影响。

有辽一朝,从皇室贵族、王公贵胄到平民百姓,笃信佛教的善男信女甚众,所谓"自天子达于庶人。归依福田"[2]。尤以圣宗、兴宗、道宗三朝及契丹妇女崇佛最为突出。辽圣宗时期曾雕印大藏经《契丹藏》。辽兴宗"尤重浮屠法,僧有正拜三公、三师兼政事令者,凡二十人,贵戚望族化之,多舍男女为僧尼"[3]。辽

---

[1] (元)柯九思等:《辽金元宫词》,北京古籍出版社,1988年,51页。

[2] 阎凤梧:《全辽文》之《重修范阳白带山云居寺碑》,山西古籍出版社,2002年,63页。张永娜:《辽代佛教与社会生活》,《兰台世界》2012年第6期,17页。

[3] (宋)叶隆礼:《契丹国志》卷八《兴宗文成皇帝》,上海古籍出版社,1985年,82页。

道宗"一岁而饭僧三十六万,一日而祝发三千"[1]。宋人晁说之《嵩山文集》载:"契丹主洪基（即辽道宗）以白金数百两铸两佛像,铭其背曰:'愿后世生中国。'"[2]可见其崇佛之甚和对中华文化的倾慕。在辽代文献中,善男信女出家为僧尼和居家礼佛的记载比比皆是。

在崇佛礼佛之风的盛行下,上自皇室贵族,下至平民百姓,以佛号为人名成为流行于辽代特有的文化习俗。辽景宗长子、圣宗耶律隆绪,小字文殊奴;辽景宗第二子、圣宗之弟耶律隆庆,番名菩萨奴;圣宗仁德皇后萧氏,小字菩萨哥;道宗宣懿皇后萧氏,小字观音;道宗之妹、天祚帝之姑耶律弘益妻萧氏,名弥勒女。《辽史》诸列传中,记载辽代王室贵胄、官臣将领中以佛号为人名的有萧观音奴、萧和尚、耶律和尚、药师奴等。辽代石刻资料中记载的有大量的佛号人名,如菩萨留、和尚奴、和尚、小和尚、佛宝女、千佛留、和尚女、大乘奴、大乘慈氏、圣僧留、金刚奴、刘释迦奴、十佛奴等,不胜枚举。[3]

随着自天子至庶人礼佛崇佛、吃斋诵经蔚然成风,辽代也大兴佛寺建筑,许多有一定财力的佛教信徒家庭也捐资修建佛寺、佛塔,捐资刊刻佛经或是造佛像[4]。（图6-3）佛教寺院与世俗民众和日常生活的联系也日益密切,吃斋念佛、焚香诵经、拜佛礼佛成为许多佛教信徒居家日常生活的重要内容。（图6-4）

在这种情况下,辽代佛教造像也大兴,妙相庄严的金身佛陀形象深入人心,

[1] （元）脱脱等《辽史·道宗纪》载:大康四年（1078年）七月,"诸路奏饭僧尼三十六万"。中华书局,1974年,281页。

[2] （宋）晁说之:《嵩山文集》,商务印书馆,1934年。

[3] 向南:《辽代石刻文编》,河北教育出版社,1995年,241、688、285页。参见张国庆:《论辽代家庭生活中佛教文化的影响》,《北京师范大学学报》（社会科学版）2004年第6期,67—73页。

[4] 参见张国庆:《论辽代家庭生活中佛教文化的影响》,《北京师范大学学报》（社会科学版）2004年第6期,67—73页。张永娜:《辽代佛教与社会生活》,《兰台世界》2012年第6期,17—18页。

图 6-3 辽代彩绘贴金七佛木雕法舍利塔（赤峰市巴林右旗辽庆州释迦佛舍利塔，赤峰市巴林右旗博物馆藏）

以至于人们把女性涂栝楼汁儿以护肤美容形成的"黄面"的妆容称为"佛妆"。（图6-5）

　　彭汝砺于 1091 年出使辽国，当时是宋哲宗元祐六年，辽道宗大安七年；三年后（1094 年）张舜民使辽，二人出使辽国的时间都正值"一岁而饭僧三十六万，一日而祝发三千"的辽道宗耶律洪基（1055—1101 年在位）统治时期，是契丹人崇佛的盛期，也应是佛妆最为流行的时期，因此他们能够见到这种特殊的妆容，并记录下来。

五、"佛妆"之"金"

　　关于佛妆的文献记载，都提到了佛妆"以黄物涂面"、"面涂黄"、"面涂深黄"的特点，张舜民《使北记》更是明确指出："北妇以黄物涂面如金，谓之'佛妆'。""涂

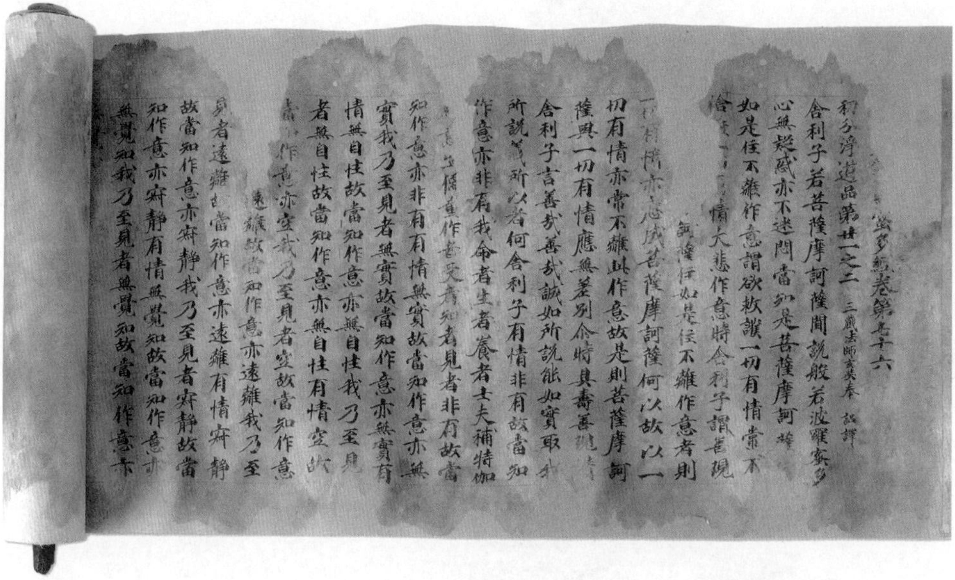

图 6-4 辽代手抄佛经（赤峰市巴林右旗辽庆州释迦佛舍利塔，赤峰市巴林右旗博物馆藏）

图 6-5 辽代涂金木雕释迦佛坐像
（赤峰市巴林右旗辽庆州释迦佛舍
利塔，赤峰市巴林右旗博物馆藏）

面如金"将"佛妆"和佛教造像联系得更为紧密,"涂面如金"的"佛妆"和佛三十二相中的"金色相"正相吻合。

所谓三十二相,是指佛及转轮圣王身所具足的三十二种微妙相,又名三十二大丈夫相等。此三十二相不限于佛,总为大人之相也。具此相者在家为轮王,出家则开无上觉。金色相或身金色相为其中之第十四相,又作真妙金色相、金色身相、身皮金色相:"身金色相,身体之色如黄金也。"指佛身及手足悉为真金色,如众宝庄严之妙金台。此相系以离诸忿恚,慈眼顾视众生而感得。此德相能令瞻仰之众生厌舍爱乐,灭罪生善。[1]因此在表现金色相的造像上,除了被袈裟等遮盖住的部分,佛像的头部、足部等裸露的身体部分多贴金,如北齐青齐地区大量出现的"薄衣佛像"身体裸露的部分——面部与足部多贴金[2](图6-6)。

契丹女性涂栝楼汁儿涂面,其本意是抵御严寒冷酷的风雪沙尘对皮肤的侵袭,达到护肤美容的实用效果,但所形成"面黄如金"的妆容却恰巧与佛教妙相三十二相中的真妙金色相类似,显得慈悲庄严。同时,经过整整一个冬天"涂面如金"的保养,等到春暖洗去时,皮肤不仅没有粗糙皴裂,反而是光滑细腻,白皙如玉,这种美容的效果又与三十二相中的第十六相"皮肤细滑相"一致。因此,在辽代这种浓郁佛教文化的气氛中,人们把契丹妇女"面涂深黄"、"涂面如金"、又能使皮肤洁白细腻的妆容称为"佛妆"。

---

[1] 星云法师监修,慈怡法师主编:《佛光大辞典》"三十二相条";蓝吉富主编:《中华佛教百科全书》"三十二相条"。参见邱忠鸣:《"福田"衣与金色相——以青州龙兴寺出土北齐佛像为例》,《饰》2006年第1期,8—11页。
[2] 参见邱忠鸣:《"福田"衣与金色相——以青州龙兴寺出土北齐佛像为例》,《饰》2006年第1期,8—11页。

图 6-6 辽代金佛像（局部）
（通辽市奈曼旗窖藏，通辽市
奈曼旗博物馆藏）

六、彼岸的"佛妆"

对于三十二相和功德圆满的追求，既不限于佛或凡人，也不限于男性或女性、生前或死后。辽代契丹贵族有以金属面具覆面的丧葬习俗，这种特殊的葬俗，有别于其他任何民族，似乎也和佛教信仰的金色相、佛妆有密切的关系。

根据考古发现，在辽代契丹人的墓葬中发现了很多以金属面具覆面和金属网络裹身的葬俗。关于其功能和性质的探讨很多，这里仅就与金色相、佛妆有关的金属面具问题进行探讨[1]。

针对契丹这种独特的丧葬习俗的综合性研究，主要有"萨满教说"[2]、"金缕玉衣说"[3]、"皇室女子专用说"[4]及"古东胡葬俗说"[5]；另外还有一种"佛教说"，因为契丹女尸脸上所覆盖的金属面具，"好像一尊慈眉善目的金面菩萨"，反映出死者对佛教彼岸极乐世界的追求[6]，认为契丹人的这种葬俗应与佛教有关[7]。

笔者认为，"佛教说"更为合理，尤其和佛教三十二相中的"金色相"密切相关，和"佛妆"有异曲同工之处。以金属面具覆尸和金属网络护体，具有保护和笼络尸体的实用作用；同时，又是对离诸忿恚、灭罪生善、慈悲众生的金色身相的追求，表达和满足了辽人崇佛礼佛的精神需求。

[1] 陈永志：《契丹史若干问题研究》，文物出版社，2011年。陈永志先生关于契丹这一特殊丧葬习俗的探讨对本部分的写作帮助很大，特此致谢！

[2] 贾洲杰：《契丹丧葬制度研究》，《内蒙古大学学报》1978年第2期。杜晓帆：《契丹葬俗中的面具、网络与萨满教的关系》，《民族研究》1987年第6期。盖山林：《契丹面具功能的新认识》，《北方文物》1995年第1期。

[3] 木易：《辽墓出土的金属面具、网络》，《北方文物》1993年第1期。张郁、孙建华：《从陈国公主墓出土的银丝网络金属面具浅谈契丹葬俗》，《内蒙古文物考古文集》第二辑，中国大百科全书出版社，1997年。

[4] 马洪路：《契丹葬俗中的铜丝网衣及有关问题》，《考古》1983年第3期。〔日〕北川房次郎：《辽代金面缚肢葬小考》，日本《书香》1943年10月。

[5] 安路：《东胡族系的覆面葬俗及相关问题》，《北方文物》1985年第1期。

[6] 杜承武、陆思贤：《契丹女尸在民族研究上的意义》，《内蒙古社会科学》1983年第5期。乌盟文物站、内蒙古文物工作队编：《契丹女尸》，内蒙古人民出版社，1985年。

[7] 刘冰：《试论辽代葬俗中的金属面具及相关问题》，《内蒙古文物考古》1994年第1期。侯峰：《辽代契丹族金属面具、网络等葬俗的分析》，《内蒙古文物考古文集》第一辑，中国大百科全书出版社，1994年。

辽陈国公主墓的发掘者张郁先生、孙建华女士在原报告《辽陈国公主墓》中认为契丹人的这种葬俗最早只能出现于辽朝中期，这个时期恰恰是辽人崇佛礼佛之风日盛的时期。前面说过，辽代崇佛尤以圣宗（982—1031年在位）、兴宗（1031—1055年在位）、道宗（1055—1101年在位）三朝及契丹妇女最为突出。陈国公主生于1000年，卒于1018年，是辽景宗和杨家将故事中赫赫有名的辽国萧太后萧绰的孙女，辽景宗第二子、辽圣宗耶律隆绪的皇太弟、秦晋国王耶律隆庆之女。驸马萧绍矩亦家世显赫，乃历仕四朝的辽国重臣萧思温之孙（萧太后为萧思温第三女），萧太后之侄，辽圣宗仁德皇后之兄，任泰宁军节度使、检校太师等职。辽圣宗开泰五年（1016年），陈国公主16岁时嫁给年长自己十余岁的舅舅萧绍矩，可惜1018年两人相继去世，公主年仅18岁，驸马也只有35岁。

公主和驸马的合葬墓规格很高，仅就殡葬服饰而言，他们头枕着金花银枕，脸上都覆盖着黄金面具（图6-7），身着银丝网络葬衣，腰佩金银蹀躞带、脚穿鎏金花银靴（图6-8）。公主更为雍容华贵，她的头部上方放置高翅鎏金银冠，还佩戴有耳坠、项链、手镯、戒指等饰物，华贵异常。这些厚葬的金银服饰固然由于两人高贵显赫的出身与家世，也与佛教的信仰密切相关。

陈国公主的姑母、辽景宗与萧绰的长女魏国公主名观音女；陈国公主的父亲耶律隆庆乃圣宗之弟，番名菩萨奴；陈国公主的伯父圣宗耶律隆绪，小字文殊奴；驸马萧绍矩之妹妹萧氏乃圣宗仁德皇后，小字菩萨哥。从这些与公主、驸马密切相关的人物大量以佛号入名就可以看出其家族的崇佛之心和圣宗时期佛教之盛。公主面部所覆黄金面具面庞丰润舒展，表情平静祥和，与鎏金银冠、银丝网络、银靴浑然一体，形成了完整的金色身相。

除了金面具，陈国公主墓还出土了迄今为止发现的最大的琥珀配饰——琥珀璎珞（图6-9）。此外，公主还佩戴琥珀耳坠等琥珀首饰若干（6-10）。契丹人崇尚琥珀，

图 6-7 金面具，出土时覆盖于公主面部（陈国公主墓）

图 6-8 錾金花银靴（陈国公主墓）

这与契丹人的崇佛信仰不无关系。在佛教文化里认为，水晶代表佛骨，而琥珀代表佛血。璎珞是佛教里重要的饰物，也是契丹人喜欢的极具民族特色的饰物，是其崇信佛教并将其世俗化的代表饰物。

陈国公主墓发现的五年前，1981 年 10 月，在内蒙古乌兰察布盟右前旗豪欠营六号辽墓中发现一具女尸，亦有金属面具覆面和网衣裹体。正是在这次考古发现的激发下，杜承武、陆思贤先生提出了"佛教说"，因为他们认为，契丹女尸脸覆面具，好像一尊慈眉善目的金面菩萨。大凡已见出土的辽代女性面具，都给人留下一种佛面的印象 [1]（图 6-11、6-12）。

契丹人崇佛尤以女性为甚，那些贵族世家女性在生前涂"面黄如金"的佛妆，

---

[1] 杜承武、陆思贤：《契丹女尸在民族史研究上的意义》，《内蒙古社会科学》1983 年第 5 期。乌盟文物站、内蒙古文物工作队编：《契丹女尸》，内蒙古人民出版社，1985 年。

图 6-9 琥珀璎珞（陈国公主墓）

图 6-10 琥珀珍珠耳坠（陈国公主墓）

身份更为显赫的贵族女性在逝后以金面具覆面。从生到死，从此岸到彼岸，都凸显了契丹人，尤其是契丹贵族女性对金色相的追求，这与目前出土的金属面具多来自女性的情况相一致，也难怪有的学者认为以金属面具覆尸面是嫁到萧氏家族的皇室女子专用的特殊葬俗。

　　"闲花野草今犹昔，当时美人安在哉！"[1] 作为契丹贵族妇女冬季使用的一种

---

[1]（元）熊梦祥：《答女台歌》，《全辽诗话》，岳麓书社，1992 年，180 页。

图 6-11 鎏金银覆面（首都博物馆藏）

图 6-12 鎏金银覆面（敖汉旗英凤沟 7
号辽墓）

独特的美容护肤术，"佛妆"既是契丹所处的严酷的地理环境、气候特点以及其
独特的生产生活方式的产物，具有护肤美容的实用效果；也与契丹人崇佛、礼佛
的浓厚的宗教文化氛围密切相关，表达了信众皈依福田的宗教信仰，满足了辽人
崇佛、礼佛的精神需求。

第二节 宫衣新尚高丽样

宫衣新尚高丽样，方领过肩半臂裁。连夜内家争借看，为曾着过御前来。[1]

这是元朝诗人张昱所作的《宫词》，反映的是元末宫廷和大都服饰一度流行"高丽[2]样"的情况。元末明初人权衡在其《庚申外史》中也很明确地指出元末"高丽样"流行，而且还指出，"高丽样"不仅在大都盛行，还影响到元朝统治的广泛地区："自至正[3]以来，……四方衣服、鞋帽、器物，皆依高丽样子。此关系一时风气，岂偶然哉！"[4]

"岂偶然哉"说明权衡已经认识到，"高丽风"的盛行不是偶然的对异域、异族服饰的猎奇和模仿，而是有着深广的背景和多元的动因，不仅反映了蒙元和高丽之间的服饰文化交流状况，更是在那一时期大的历史背景下，两国之间政治关系、文化交流的一个缩影。

---

[1]（元）柯九思等：《辽金元宫词》，北京古籍出版社，1988 年，17 页。

[2] 高丽（918—1392 年），又称高丽王朝、王氏高丽，是朝鲜封建王朝之一。935 年灭新罗，936 年灭后百济，基本统一朝鲜半岛，1392 年被朝鲜王朝取代。高丽王朝后期，正值中国元朝统治时期。

[3] 至正（1341—1370 年）是元惠宗（即元顺帝）的第三个年号，也是元朝最后一个年号。

[4] 任崇岳：《庚申外史笺证》，中州古籍出版社，1991 年，96 页。

一、元朝大都服饰"高丽风"盛行的历史背景分析

1. "定大都"与"臣高丽"

12 世纪末，当金朝和南宋还在不时地进行拉锯式战争的时候，在他们的西北方向——匈奴人和突厥人的发祥地，一个原先默默无闻的游牧民族——蒙古族却悄然崛起，并迅速以耀眼的姿态闯入了历史的苍穹。1206 年，统一了蒙古各部的铁木真被推举为大汗，尊称成吉思汗。成吉思汗建立蒙古汗国后，他和他的继任者们率领斡耳朵怯薛军，带着朔方的剽悍，奔袭于欧亚大陆的草原和城市，挥鞭所指，所向披靡（图 6-13）。

1260 年 4 月，忽必烈继任蒙古大汗（图 6-14）。忽必烈即位之前，木华黎的孙子霸突鲁就曾直言不讳地指出："幽燕之地，龙盘虎踞，形势雄伟，南控江淮，北连朔漠，且天子必居中以受四方朝觐。大王果欲经营天下，驻跸之所，非燕不可。"[1] 1264 年 8 月，改燕京为中都，以金代的琼华岛离宫为中心，兴建新的都城。1271 年，忽必烈建国号为"大元"。1272 年，迁都北京，命名为大都，即元大都。元大都是当时世界上最繁华的城市，是当时世界上重要的政治、商业和文化中心之一，西方人习惯称之为"汗八里"。

1216 年，契丹人金山、元帅六哥率九万之众跨过鸭绿江，翌年占据高丽江东城，即高丽史所称"丙子契丹之变"。1218 年，成吉思汗借口攻打契丹，驰兵高丽。高丽国高宗派兵协同蒙古军作战，遂亡金山。于是蒙古与高丽结好，史称"己卯之约"。后高丽叛，1231 年 8 月，窝阔台再次派兵攻入高丽，两国签订了

---

[1]（明）宋濂等：《元史》，中华书局，1976 年，2942 页。

图 6-13 元太祖成吉思汗像　　　　　　图 6-14 元世祖忽必烈像

不平等的"辛卯之约",高丽臣服。[1] "高丽国"也列入元朝的"征东等处行中书省"辖内。[2]

　　《元史·地理志》在概括蒙元统一过程时说:"并西域,平西夏,灭女真,臣高丽,定南诏,遂下江南,而天下为一。"[3] 明确指出,在蒙古征战和元朝建立的过程中,"臣高丽"是一个重要的内容。

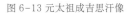

[1] (明)宋濂等:《元史》,中华书局,1976年,20、31—37页。

[2] (明)宋濂等:《元史》之"征东等处行中书省",中华书局,1976年,1562页。

[3] (明)宋濂等:《元史》,中华书局,1976年,1345页。

2. "先投圣化"与"釐降公主"

1259 年 7 月，蒙哥汗去世，汗位争夺激烈。忽必烈北上奔赴开平即位，途径汴郊。当时正值高丽世子王倎受蒙哥汗之命，入质蒙古汗廷，亦行至此。于是，忽必烈受到了高丽世子王倎一行的列队迎接。尚未即位就受到了外国使臣的迎立与承认，这对于忽必烈竞争汗位无疑是极为有利的，而高丽的王室大臣也深以此"先投圣化"为功。这也是忽必烈即位后以及后来的即位者对高丽格外重视和外交倾向的一个重要原因。

中统元年（1260 年），高丽高宗卒，忽必烈听从陕西宣抚使廉希宪的建议，派蒙古军队护送王倎回国即王位,后更名为禃,是为高丽元宗。[1] 至元十一年(1274 年)，世祖忽必烈又将公主忽都鲁揭里迷失下嫁高丽世子王愖。[2] 对此隆遇，高丽举国欢庆，高丽吏部尚书、宝文阁大学士金坵特撰呈《谢釐降公主表》，以兹谢忱："王姬方降，国俗尽欢。凡枉（往）瞻观，孰非抃跃。……万邦争美之恩遇，一旦连婚于皇息。……惟此生灵，悉均庆快。"举国欢欣之情之状，溢于言表，认为这种联姻，会加强高丽与元朝之间的政治联系，高丽从此也将获得元朝更大的政治庇护："三韩民物，从今有恃于庇依。"[3] 高丽大臣安轴、李齐贤等皆认为元廷垂幸高丽、"釐降帝姬"是"先投圣化，累著殊勋"的结果。[4] 公主生子王璋，高丽与元朝遂成为"甥舅之国"，关系日益密切。

[1] （明）宋濂等：《元史》，中华书局，1976 年，63 页。

[2] （明）宋濂等：《元史》之"高丽公主位"条，中华书局，1976 年，155、2760 页。

[3] 〔高丽〕金坵：《谢釐降公主表》,《止浦集》，见杜宏刚、邱瑞中、〔韩〕崔昌源辑：《韩国文集中的蒙元史料》（上册），广西师范大学出版社，2004 年，76 页。

[4] 〔高丽〕安轴：《请同色目表》，《谨斋集》；李齐贤：《乞比色目表》，《益斋乱稿》，见杜宏刚、邱瑞中、〔韩〕崔昌源辑：《韩国文集中的蒙元史料》（上册），广西师范大学出版社，2004 年，118、163 页。

在与"外夷"的外交活动中，蒙元与高丽的外交关系也最为密切，文化往来与互动也最为频繁，因此在《元史·外夷传》中第一个就是《高丽传》，篇幅也最长。[1] 这成为形成和推动大都"高丽风"流行的历史背景。

二、元朝大都服饰"高丽风"盛行的历史动因分析

1. 高丽世子入质汗廷

在高丽臣服的后期，太宗窝阔台采取了耶律楚材主张的绥服政策，在历数高丽杀蒙古元帅和使臣、不按条约进贡等五条罪状后，要求高丽遣送世子入质汗廷。高丽世子及有官子弟入质汗廷成了高丽长期维系与蒙元关系的惯例。[2] 前述高丽世子王倎即是其一。后王倎（禃）回国即王位，为高丽元宗。元宗世子王愖亦入质元廷，至元十一年（1274年）五月，尚忽必烈公主忽都鲁揭里迷失。六月，高丽元宗薨，王愖回国，更名昛，是为忠烈王。王昛生子王璋，是为忠宣王。王璋少时即赴大都觐见世祖，并于元成宗大德初尚宝塔实怜公主，长期淹留元廷不归，等等。

这些高丽世子在入质元廷时，带领了大批使臣和随从，他们长期居住在大都，亦把包括服饰在内的高丽生活习俗和生活用品带入大都。由于他们与大都王室贵族过从甚密，使得高丽的生活习俗和用品在大都上层贵族传播，并形成了一股"高丽风"。

---

[1]（明）宋濂等：《元史》，中华书局，1976年，4607—4623页。

[2]（明）宋濂等：《元史》，中华书局，1976年，177—178页。

2. 高丽贡女入选蒙元宫廷

1231 年，窝阔台再命撒礼塔为统帅，二次领兵攻入高丽，两国签订了"辛卯之约"。根据合约，高丽除了贡奉黄金白银之外，还要每年进贡一千领水獭皮。尤其苛刻的是，高丽国王以下的诸公、大臣家要献五百童男、五百童女，这让高丽雪上加霜。尤其是按照当时的高丽国法，上自君王、下至臣僚，皆只配得一个嫡室，并无三妻四妾，而且"所产或无或有，有或不多人耳"，王族枝叶，并不繁茂，因此，选送五百童男、五百童女着实困难。时为高丽正议大夫、判秘书省事的高丽名臣李奎报特撰呈《送撒里打官人书（壬辰四月）》，具申以小国弊邑之实情，伏请撒礼塔"谅情哀察"云云。[1]

此后高丽官员多次上书陈情，希望蒙元朝廷"罢取童女"，一直到元朝晚期，高丽大臣李穀仍上《代言官请罢取童女书》，书中晓之圣王之治，列举丽元之好，倾诉父母爱女之情，历数岁取童女之弊、官员们假公济私的不法行为，以及给高丽人们带来的痛苦，力请元廷罢取童女。但高丽选送童女入贡元廷作为丽元之间的外交惯例基本贯彻始终。虽不至岁取五百，但"岁再焉，或一焉间岁焉。其数多者至四五十"[2]。如《元史·泰定帝纪》记载："（泰定元年六月丙寅）遣阔阔出等诣高丽，取女子三十人。"[3]

这些高丽贡女入选元廷后，或为宫女，侍奉皇帝及后宫妃嫔的生活起居，"北

[1]〔高丽〕李奎报：《送撒里打官人书（壬辰四月）》，《东国李相国文集》，见杜宏刚、邱瑞中、〔韩〕崔昌源辑：《韩国文集中的蒙元史料》（上册），广西师范大学出版社，2004 年，12 页。

[2]〔高丽〕李穀：《代言官请罢取童女书》，《稼亭集》，见杜宏刚、邱瑞中、〔韩〕崔昌源辑：《韩国文集中的蒙元史料》（上册），广西师范大学出版社，2004 年，252—253 页。

[3]（明）宋濂等：《元史》，中华书局，1976 年，648 页。

狩和林幄殿宽，句丽女侍婕好官。君王自制昭阳曲，勅赐琵琶马上弹"[1]。这首元人的《宫词》写的正是高丽宫女入侍的情况；或赏赐给王公大臣为姬妾，这也成为宫廷权力斗争中笼络权臣的手段。如《元史·文宗纪四》载："（至顺二年夏四月戊申）以宫中高丽女子不颜帖你赐燕铁木儿。"[2] 同时，这些高丽姬妾也成为刺探和传递公卿贵人间消息的耳目，在高丽和元朝，以及元朝内部的政治生活中起到了重要作用。[3]

由于这些高丽女子娇柔婉媚，善于事人，很快就获得了宠爱，也成为王公大臣争相抢夺的目标。以至到了元朝后期，"北人女使，必得高丽女孩童；家僮，必得黑厮。不如此谓之不成仕宦"[4]。一时间，"京师达官贵人必得高丽女，然后为名家"[5]。这些得宠的高丽女子在元朝权贵之家获得了较为尊贵的地位和特殊的待遇，这种殊荣甚至引起了元朝妇女的不满和欣羡："恨身不作三韩女，车载金珠争夺取。银铛烧酒玉杯饮，丝竹高堂夜歌舞。黄金络臂珠满头，翠云绣出鸳鸯绸。醉呼阉奴解罗幔，床前爇火添香篝。"[6]

大批高丽女性进入元廷后宫和社会上层，不仅在政治上形成了一股高丽势力，对蒙元与高丽的政治生活产生直接或间接的影响，他们本民族的生活习俗也对元朝产生了潜移默化的影响，在生活上也形成了一股"高丽风"时尚。正如《庚申外史》所指出的："自至正以来，宫中给事使令，大半为高丽女。以故，四方

---

[1]（元）柯九思等：《辽金元宫词》，北京古籍出版社，1988年，9页。

[2]（明）宋濂等：《元史》，中华书局，1976年，782页。

[3] 任崇岳：《庚申外史笺证》，中州古籍出版社，1991年，71页。

[4]（明）叶子奇撰：《草木子》卷三下《杂制篇》，中华书局，1959年，63页。

[5] 任崇岳：《庚申外史笺证》，中州古籍出版社，1991年，96页。

[6]（元）乃贤：《新乡媪》，《金台集》，见（清）顾嗣立：《元诗选初集》，中华书局，1987年，1451页。

衣服鞋帽器物，皆依高丽样子。"[1]

3. 皇后奇氏完者忽都——高丽贡女的突出代表

虽然史家有言："初，世祖皇帝家法，贱高丽女子，不以入宫。"[2] 但从元代史料记载的实际情况来看，终元之世，纳取高丽贡女以充实后宫的情况始终存在。明确见于史书记载的贡女次数多达六七十批，人数竟达 1500 人之多，而这只是实际情况的一小部分。[3]

来到元廷的高丽贡女除了充当宫女外，还有一小部分成为元帝或王室的嫔娥乃至后妃，如元仁宗、元明宗、元顺帝以及实逗太子、峦峦太子、安西王安难达等都曾纳高丽女。因此曾上奏《代言官请罢取童女书》的高丽人李縠也不无得意地指出："今高丽妇女在后妃之列，配王侯之贵，而公卿大臣多出高丽外甥者。"[4]

其中最突出的代表就是元顺帝皇后奇氏完者忽都。作为高丽贡女，奇氏经历了从宫女到皇后的巨大转变，在元末顺帝时期把持朝政多年，成为转型最为成功、地位最为显赫、影响也最大的高丽贡女，她对大都"高丽风"的形成起到了极大的推动作用。

奇（祁）氏是元末顺帝的第三任皇后，最初作为高丽贡女进入元廷，由徽政院使、来自高丽的宦官秃满歹儿推荐给顺帝，主供茗饮。奇氏聪颖狡黠，善于事

---

[1] 任崇岳：《庚申外史笺证》，中州古籍出版社，1991 年，96 页。

[2] 任崇岳：《庚申外史笺证》，中州古籍出版社，1991 年，12 页。

[3] 喜蕾：《元朝宫廷中的高丽女性》，见邱树森：《元史论丛》第八辑《元朝宫廷中的高丽女性》，江西教育出版社，2001 年，208 页。

[4]《高丽史》卷一百九《李縠传》，转引自薛磊：《元代宫廷史》，百花文艺出版社，2008 年，274 页。

人，便日见宠幸。[1] 而顺帝对奇氏的亲近与好感应当与其幼年曾被流放高丽国的经历也有一定的关系。[2] 当时顺帝的皇后答纳失里是权臣太师太平王燕帖木儿的女儿，娇贵专横，嫉恨奇氏受宠，又轻视顺帝年轻（当时顺帝只有 14 岁），便数次答辱奇氏，甚至"加烙其体"[3]。元统三年（1335 年），答纳失里皇后之兄弟唐其势、塔剌海被告图谋不轨，塔剌海逃入宫中，答纳失里皇后以衣蔽匿之，因而获罪，被贬出宫，后被丞相伯颜鸩于开平民舍。答纳失里皇后遇害后，顺帝打算立奇氏为后，遭到了丞相伯颜等大臣们的反对。遂立世祖察必皇后之曾孙（一说玄孙）弘吉剌氏伯颜忽都为正宫皇后，册立奇氏为次宫皇后，居兴圣宫，改徽政院为资政院，隶属于奇皇后。奇氏生皇子爱猷识理达腊。

一直到至正八年，监察御史李泌仍以世祖之言、天灾异象来谏言顺帝降奇氏为妃："世祖誓不与高丽共事，陛下践世祖之位，何忍忘世祖之言，乃以高丽奇氏亦位皇后。今灾异屡起，河决地震，盗贼滋蔓，皆阴盛阳微之象，乞仍降为妃，庶几三辰奠位，灾异可息。"但顺帝"不听"[4]。世人亦将高丽奇氏为后看作野鸽来巢、六月阴寒，是天下将乱之象。

至正二十五年（1365 年）八月，大皇后伯颜忽都卒，同年十二月，奇氏被正式册封为正宫皇后。

奇氏表现得贤良明理，在内外很多事情的处理上周全得体，树立了贤后的形象。顺帝后期，奇氏的地位日渐稳固，而顺帝此时沉溺于十六天魔舞和大喜乐事，

---

[1]（明）宋濂等：《元史》之"顺帝后完者忽都"，中华书局，1976 年，2880—2884 页。

[2]（明）宋濂等：《元史》，中华书局，1976 年，815 页。

[3] 任崇岳：《庚申外史笺证》，中州古籍出版社，1991 年，12 页。

[4]（明）宋濂等：《元史》，中华书局，1976 年，883 页。

日渐荒淫，怠于政事，奇后便把持朝政，甚至与皇太子爱猷识理达腊谋划内禅，逼顺帝让位，并试图干预和把持高丽国政。

"昨朝进得高丽女，大半咸称奇氏亲。"[1] 在这种紧张的宫廷斗争中，奇后多处施展政治手腕，并充分展开美女外交，利用蓄养的亲信高丽贡女作为笼络权臣的手段和刺探政治情报。"祁（奇）后亦多蓄高丽美人，大臣有权者，辄以此送之，京师达官贵人必得高丽女然后为名家。高丽女婉媚，善事人，至则多夺宠"[2]。奇后内禅计划被顺帝知道后，顺帝"怒而疏之，两月不见"。不久，奇后遭幽禁，也是故技重施，"数纳美女于孛罗帖木儿"以求解脱，结果百日后便被释放。[3]

随着奇氏在元廷贵为皇后的至高地位和大权独揽的政治强势，以及高丽女性在上层社会日益活跃，"高丽风"的盛行当然在所难免。

4. 高丽宦官入侍元廷

在元朝的宫廷中，有一个势力群体常常被忽视，即高丽宦官。丽元之交中，高丽除了贡献元廷童女外，还有童男。这些童男来到元廷后，有相当的一部分人做了宦官。比如前面提到的，首先把奇氏推荐给顺帝的宦官、徽政院使秃满歹儿就是高丽人，奇后最宠信的宦官朴不花也是高丽人。

朴不花亦名王不花，在奇氏未进宫时，两人是同乡，"相为依倚"，关系十分密切。奇氏被选送入元廷后，受到顺帝宠幸，被立为第二皇后，朴不花便以阉宦身份入宫，专门侍奉奇后，深得奇后的宠爱与信赖："皇后爱幸之，情意甚胶固，

---

[1] （元）柯九思等：《辽金元宫词》，北京古籍出版社，1988 年，26 页。

[2] 任崇岳：《庚申外史笺证》，中州古籍出版社，1991 年，96 页。

[3] （明）宋濂：《元史》之"顺帝后完者忽都"，中华书局，1976 年，2881 页。

累迁官至荣禄大夫、资政院使。"资政院主掌皇后的财赋，权力很大。在奇氏初立皇后塑造贤后形象的时候，赈灾善后等事宜，皆由朴不花出面操办。后来奇后谋划内禅之事，也是遣朴不花出面谕意丞相太平，寻求政治支持。可见奇后对他的信任非同一般。

朴不花和秃满歹儿都是元朝后宫中高丽宦官的代表。他们出入后宫，深得后宫高丽妃嫔的信赖，又担任具有不小实权的官职，他们的言行处事，都具有不小的影响，也成为推动"高丽风"盛行的一股力量。

三、元朝大都"高丽风"的表现

元朝末期，后宫中母仪天下的皇后为高丽女，宫中给事使令又大半为高丽女，出身高丽的宦官亦不乏其人。他们语言相通，民族相同，习俗相同，生活方式相同，自然具有文化上的认同感和民族上的亲近感。上自皇后妃嫔，下至宫女宦官，充斥了元朝宫廷，以至在元朝宫廷和大都上层社会形成了从服装鞋帽到语言习俗、生活方式大行其道的"高丽风"。

这种"高丽风"最明显的表现就是服饰方面以"高丽样"为尚。

除了权衡《庚申外史》指出"自至正以来，宫中给事使令，大半为高丽女，以故四方衣服、鞋帽、器物，皆依高丽样子"外，《南村辍耕录》也记载："杜清碧先生本应召次钱塘，诸儒者争趋其门。燕孟初作诗嘲之，有'紫藤帽子高丽靴，处士门前当怯薛'之句，闻者传以为笑。用紫色棕藤缚帽，而制靴作高丽国样，皆一时所尚。"[1] 一时间，"高丽样"成为上层社会服饰崇尚和竞相模仿的对象。

---

[1] （元）陶宗仪：《南村辍耕录》卷二十八《处士门前怯薛》，中华书局，1959 年，346 页。

宫衣新尚高丽样，方领过腰半臂裁。连夜内家争借看，为曾着过御前来。

半臂初裁样入时，熏风吹瘦小腰肢。

东国名姬貌似花，中宫分赏大臣家。衣衫尽仿高丽样，方领过腰半臂斜。[1]

与"高丽样"一起流行的还有"高丽语"。由于高丽人遍布元廷，尤其是进入元廷上层，高丽语在元廷中也日渐普及，几乎成了元朝后宫中的通用语言之一，以致学习高丽语成了在后宫中任职当差的"非高丽"人的必修课。

玉德殿当清灏西，蹲龙碧瓦接榱题。卫兵学得高丽语，连臂低歌井印梨。[2]

这首《宫词》中所说的正是当时元朝后宫中人人争学高丽语的情景。

此外，一些高丽的生活方式和习俗也在元廷中流行开来。如：

绯国宫人直女工，衮裯载得内门中。当番女伴能包袱，要学高丽顶入宫。[3]

以头顶物携载而行本是高丽人的生活方式,宋人徐兢曾于北宋宣和五年(1123年)奉使高丽，归国后，书其事物，绘其图形，撰写了《宣和奉使高丽图经》。

---

[1] （元）柯九思等：《辽金元宫词》，北京古籍出版社，1988 年，17、101、144 页。

[2] （元）柯九思等：《辽金元宫词》，北京古籍出版社，1988 年，15 页。

[3] （元）柯九思等：《辽金元宫词》，北京古籍出版社，1988 年，17 页。

书中特别记录了高丽妇人"水米饮欢并贮铜罂，不以肩舁，加于顶上。罂有二耳，一手扶持抠衣而行"的载物方式。[1] 这种方式是汉族人和女真人所陌生的，但随着"高丽风"席卷宫廷，宫女们也开始"要学高丽顶入宫"。这首《宫词》就形象生动地描写了一位女真宫女学习高丽女顶物而行的情景。

以上史料和《宫词》使我们管中窥豹，可以了解和感受到元朝末期宫廷和大都以致"四方"流行"高丽风"的时代氛围。

朝鲜半岛古为"东夷"，其俗为"断发文身，雕题交趾"。根据史料的记载，从周时箕子受封于东夷，"教以田蚕之利"和衣冠之制开始，历经两汉魏晋南北朝和隋唐宋元，朝鲜半岛的服装一直或多或少地受到中国大陆历代王朝的影响。到了宋朝，"岁通信使屡赐袭衣，则渐渍华风。被服宠休，翕然丕变，一遵我宋之制度焉，非徒解辫削衽而已也"[2]。高丽服饰更是明显地受到了"华风"的浸染，在礼仪文化、生活习俗等方面具有明显的"汉化"特征，故有"小中华"的美誉。对此，经历了南宋、金和蒙古时期的高丽人李奎报（1168—1241 年）在他的《题华夷图长短句》中不无自豪地说："君不见，华人谓我小中华。此语真堪采。"[3] 到了蒙元时期，高丽和蒙元的关系日益密切，高丽世子长期入质汗廷，高丽使臣长期居住大都，还有多位蒙元公主下嫁高丽等 [4]，他们又将蒙元的文化带到高丽，高丽服饰又明显地受到了蒙元服饰的感染，出现了"胡化"现象，尤其是一些入质的世子和长期在元朝居住的使臣回到高丽后，一身"椎髻胡服"的装束，让高

[1]（宋）徐兢：《朝鲜文献选辑宣和奉使高丽图经》卷第二十《妇人》，吉林文史出版社，1986 年，42 页。

[2]（宋）徐兢：《朝鲜文献选辑宣和奉使高丽图经》卷第七《冠服》，吉林文史出版社，1986 年，15 页。

[3]〔高丽〕李奎报：《题华夷图长短句》，《东国李相国文集》，见杜宏刚、邱瑞中、〔韩〕崔昌源辑：《韩国文集中的蒙元史料》（上册），广西师范大学出版社，2004 年，3 页。

[4]（明）宋濂：《元史》之"高丽公主位"，中华书局，1976 年，2760—2761 页。

图 6-15 韩国密阳古法里朴翊墓壁画。该墓葬主人生于 1332 年，卒于 1398 年，正值高丽王朝晚期和元朝末年，也正是元朝大都"高丽风"盛行的时期

丽人颇为讶异。（**图6-15**）

文化的交流是双向的，随着蒙元与高丽之间错综复杂的政治关系日益密切，尤其是高丽世子入质汗廷、高丽贡女入选宫廷甚至尊为后妃、高丽宦官入侍元廷，以及高丽使者长居大都、高丽方物入贡元廷等原因，高丽的服饰和习俗等也开始影响元朝的服饰文化和生活习俗。透过对元朝末年大都"高丽风"盛行这一时尚流行现象的分析研究，可以使我们多方面、也更为深入和细致地了解丽元之间的政治关系和文化交流。这种交流与互动，既大大地促进了高丽文化的发展，也使得元朝的服饰文化更加丰富多彩。

奢侈风气

明清之际女子服饰时尚

布罗代尔曾说:"一部服饰史提出所有的问题:原料、工艺、成本、文化固定性、时装、社会等级制度。……假如社会处于稳定状态,那么服装的变革也不会那么大。……只有当政治动乱打乱了整个社会秩序时,穿着才会发生变化。"[1] 而服饰的快速更替,则会带来流行的时尚,这在礼服的规制中难以体现,但在日常服饰中则有明确的反映。由于中国古代典籍多记录帝王百官、皇后命妇的礼服,对于他们和庶民百姓的日常服饰则较少涉及,因此,人们难以知晓古人日常服饰的穿着搭配方式到底如何?遂导致目前的服装史研究往往侧重礼服,大多停留在形制层面的状况,对于社会生活史视野下的日常服饰关注不够。然而,正是日常生活的服饰,才能更好地反映一个时代经济、文化和思想的变化,及时地透视出快速变换社会的流行风尚,但如何把握和再现这过往的时尚,并非易事!即使是还原最基本的形制,也缺乏大量的文献、图像和实物材料的支撑,更何况从物质文化史角度,探究服饰与身份阶层之象征、地理环境之差异、工艺水平之高下、审美趣味之嬗变等要素的关系。虽如此,中国服装史的研究不能停留在前辈大师的通史钩沉上裹足不前,而应该继续他们未竟的事业,补充他们未及的日常服饰的个案研究,从而将中国服装史的研究向前推进。正是基于这样的思考,本章选取明清之际的女子服饰中具有代表性的个案进行深度研究,诚然不可涵盖明清女子服饰时尚丰富多彩的世界,但或许能管中窥豹,明了其中的一些问题,诸如明末清初服饰崇侈的风气、明代女子服饰的游牧风以及明清女子服饰与中亚、西亚的关系,等等。

---

[1] 〔法〕费尔南·布罗代尔著,顾良等译:《15 至 18 世纪的物质文明、经济和资本主义》第一卷,生活·读书·新知三联书店,2002 年,367—368 页。

第一节 "卧兔儿" 与毛皮时尚

清人褚人获在《坚瓠集》中描写晚明吴中女子妆饰时云："满面胭脂粉黛奇，飘飘两鬓拂纱衣，裙镶五采遮红袴，绰板脚跟着象棋。貂鼠围头镶锦裯，妙常巾带下垂尻，寒回犹着新皮袄，只欠一双野雉毛。"[1] 诗中提到的"貂鼠围头"指的就是"貂鼠卧兔儿"。

什么是"卧兔儿"呢？沈从文先生、周汛和高春明先生、黄能馥和陈娟娟先生在他们的书中都曾提及，但仅限于几句话的描述和一个简单示意图，指出"卧兔儿"是晚明流行的女子头饰。至于"卧兔儿"清晰的形制、流行的时间、固定的戴法、演变的规律以及流行的原因等与物质文化相关的问题，并没有讨论，至今并不清楚。前辈的贡献是不可磨灭的，为我们钩沉了一些史料，使进一步的研究得以在此基础上继续推进。

一、"卧兔儿" 的形制及其他

1. "卧兔儿" 的造型及命名

沈从文先生在《中国古代服饰研究》中谈到明代妇女的时装与首饰时，仅有两处提到"卧兔儿"：一是"本图反映如比甲云肩的式样，冬天妇女头上戴的貂

---

[1] 褚人获：《坚瓠集》，浙江人民出版社，1986年，111页。

图 7-1 卧兔儿（《中国古代服饰研究》）

图 7-2 扎"貂覆额"的明清妇女（《中国历代妇女妆饰》）

鼠或海獭卧兔儿形象和在头上的位置，汗巾儿的系法，都还接近真实"[1]，并附上了示意图（图7-1）；二是"又有名'卧兔儿'的，如明万历时小说中常说的'貂鼠卧兔儿'、'海獭卧兔儿'。结合传世画刻所见种种，才比较具体明白它当时在妇女头上的位置、式样，并得知主要重在装饰效果，实无御寒作用"[2]。以上的叙述只告诉我们在万历时期的小说中常见"卧兔儿"，要结合画刻才能明白具体的戴法和样式，但并没有给出更加详细的说明，而示意图又不能让人完全地明白"卧兔儿"的相关内容，有的读者甚至认为"卧兔儿"就是冬天妇女戴在头上的毛茸茸的帽子。黄能馥、陈娟娟先生在《中国服装史》中提到明代的巾帽时，也

[1] 沈从文：《中国古代服饰研究》，香港商务印书馆，1981 年，465 页。

[2] 沈从文：《中国古代服饰研究》，香港商务印书馆，1981 年，467 页。

用图示意明代戴"卧兔儿"的女子，图片与沈从文先生书中的相同。[1] 周汛、高春明先生在《中国历代妇女妆饰》中说："到了冬天，更有用貂鼠、水獭等珍贵毛皮制成额巾，系裹在额上，既可用作装饰，又可用来御寒，是一种非常时髦的装束，俗称'貂覆额'，或称'卧兔儿'。"[2] 书中也附一张图，显示扎"貂覆额"的明清妇女（图7-2）。

以上几位先生关于"卧兔儿"的文字描述比较简略，线描示意图又难以让人清晰地观察到"卧兔儿"的形制及其他。[3] 幸运的是，民国时期柯罗版精印的《清宫珍宝皕美图》[4] 中存有 12 幅女子戴"卧兔儿"的图像。《清宫珍宝皕美图》取材于明代小说《金瓶梅词话》，共 168 幅插图。[5] 据传为清初不落款名家所画，属于清宫珍宝。由于清初女子的服饰与晚明相似（"十从十不从"的政策），画中女子的服饰基本保持明末清初的风尚，这可与小说《金瓶梅词话》的文字验证，图文基本一致。如《金瓶梅词话》第二十一回《吴月娘扫雪烹茶 应伯爵替花勾使》中描写吴月娘："灯前看见她家常穿着大红潞绸对襟袄儿，软黄裙子，头上戴着貂鼠卧兔儿，金满池娇分心，越显出她粉妆玉琢银盆脸，蝉鬓鸦鬟楚岫云。"[6]

---

[1] 黄能馥、陈娟娟：《中国服装史》，中国旅游出版社，1995 年，301 页。

[2] 周汛、高春明：《中国历代妇女妆饰》，学林出版社、三联书店（香港）有限公司联合出版，1997 年，112 页。

[3] 沈从文先生自述其图片取自《皕美图》，高先生自述其图片选自《故宫珍藏百美图》，两图的人物形象和妆饰比较接近，或许出处源一。作者观看过清宫收藏的原画，然后据画中的形象绘出我们今天看到的图像，还是作者根据书中的图像摹绘"卧兔儿"的造型，现在不得而知。如果是从书中摹绘，笔者花费了很长时间尚未找到与他们提供的书名完全一致的书籍。

[4] 感谢俞冰先生帮助查寻《清宫珍宝皕美图》一书，没有这本书，就难以清楚地观察"卧兔儿"的造型及其他，特此致谢！

[5]《清宫珍宝皕美图》有一函五册和一函四册两种，一函四册乃删节后重新装订。本文依据的是一函四册的版本。据传为奇珍共赏社影印（非卖品）。

[6]（明）兰陵笑笑生：《金瓶梅词话》第一卷，梦梅馆印行，1992 年，240 页。

从《清宫珍宝皕美图》的一幅《吴月娘扫雪烹茶》(图7-3) 中就可见到吴月娘 (图左的女子) 头上戴的毛茸茸的饰物，由此也可推断此物为"貂鼠卧兔儿"。画家以高超的技艺，非常写实地描绘了"貂鼠卧兔儿"的造型和佩戴位置等。倘若要更清楚地辨析"卧兔儿"戴在头上的各种角度及戴法，可参看此书的另外一幅图《两孩儿联姻共笑嬉》(图7-4)。图中有五位女子戴着"卧兔儿"，正面和侧面的图像十分清晰，毛皮的质感很强。其中，侧身站在屏风后面的女子头上的"卧兔儿"，清楚地显示"卧兔儿"只是戴在前额，两边最多及耳，侧面和后面是没有皮毛的(图7-5)。那么，"卧兔儿"后面是怎样与发髻连接的？叶梦珠在《阅世编》中云：

> 今世所称包头，意即古之缠头也。古或以锦为之。前朝冬用乌绫，夏用乌纱，每幅约阔二寸，长倍之。……崇祯中，式始尚狭……今裁幅愈小，褶愈薄，体亦愈短，仅施面前，两鬓皆虚，以线暗续于髻内而属后结之，但存其意而已。[1]

叶梦珠为明末清初人，所记皆为亲历亲闻之事，语有所据。叶氏谈的是明末清初一般女子缠头的勒子的变化，"卧兔儿"属于缠头的一种，只是限于富贵女子冬天所戴，自然与其他勒子的戴法一样，仅仅戴在前额，以线暗续在髻内，在发后系。这种方法是崇祯之后才流行的，至于是什么样的线，现在还不得而知。

"卧兔儿"的得名，从文献中很难找到依据，以古代发髻命名的规则看，一般从造型而来。诚如许地山先生所说："中国妇女梳髻直如西洋女人戴帽子，形

---

[1]（清）叶梦珠：《阅世编》，上海古籍出版社，1981 年，179 页。笔者认为书中所加标点有误，引用时重新订正，与书中有些许差异。

图 7-3《吴月娘扫雪烹茶》局部（《清宫珍宝皕美图》）

图 7-4《两孩儿联姻共笑嬉》(《清宫珍宝皕美图》)

图 7-5《两孩儿联姻共笑嬉》局部

式是很多的。不过髻的名目古来虽有种种，因为历来没有专书把图样和名字连起来，后来的人也就不知道了。各地都是依着髻底形式叫出来，没有一定的名字。"[1] "卧兔儿"不是发髻，是女子头上非常奢华的装饰，与发髻的关系密切，往往是合在一起被观看的，应该说和发髻是不可分割的整体。这一点提示笔者观察到《清宫珍宝皕美图》中所有"卧兔儿"都是与珠子箍儿一起佩戴的，而且，与"卧兔儿"同时佩戴的珠子箍儿都在眉间形成一个尖角，尖角上至少有一颗珠子（珍珠），或者由五颗珠子组成一个梅花形，远看感觉也是一个大白珠子（参见图 7-5）。而其他单独佩戴的珠子箍儿则是造型各异，宽窄不等，不一定在眉间形成尖角（参见图 7-3 最右边的女子头上戴的勒子）。可见这种尖角的珠子箍儿的造型是专门和"卧兔儿"搭配的，那么，这种搭配的原因何在呢？我们继续观察女子的发髻，也许能有一个合理的推测。《清宫珍宝皕美图》中所有戴"卧兔儿"的女子头顶的发髻都是高卷而虚朗的，这是明末清初流行的发髻式样。[2] 发髻往下则呈新月状，覆在额上的"卧兔儿"松软华丽的皮毛向外，再往下是眉间呈尖角带珠子的乌绫制成的箍儿。珠子箍儿向上斜伸的造型与"卧兔儿"结合，再与蓬松的发髻结合，正面看与一只卧着的兔子造型类似，而那珠子仿佛是兔嘴上露出的显眼的白牙。这些因素合在一起，让我们对"卧兔儿"的命名有了大致的猜测。而兔子的可爱与女子的形象连在一起，也是人们乐于接受的原因之一。反过来说，珠子箍儿和虚朗发髻流行的时候，当人们戴上"卧兔儿"，发现这种组合后的造型很像卧兔的正面形象，则以"卧兔儿"来命名，也是有可能的。鉴于此，女子在戴"卧

[1] 许地山：《近三百年来底中国女装》，在民国时期《大公报艺术周刊》连载，笔者参考的是傅惜华先生的剪报合订本。此处引自四十二期。

[2] 周锡保：《中国古代服饰史》，中国戏剧出版社，1984 年，417 页。

兔儿”时，必须与珠子箍儿和发髻进行合适的配合，才算完成“卧兔儿”的整体佩戴。（以上只是笔者对“卧兔儿”得名的一种猜测，还有待其他资料佐证。）

2. “卧兔儿”流行的时间

从小说提供的材料看，“卧兔儿”的类别只有“貂鼠卧兔儿”和“水獭卧兔儿”两种，说明“卧兔儿”的制作材料仅限于貂鼠和水獭两种动物的皮毛。[1] 貂皮素有“裘中之王”的美称，皮板优良，轻柔结实，毛绒丰厚，色泽光润。由于貂皮产量极少，致使其价格昂贵，因此又成为富贵的象征，被称为“软黄金”。貂皮还具有“风吹皮毛毛更暖，雪落皮毛雪自消，雨落皮毛毛不湿”的三大特点。水獭皮也是贵重的毛皮，外观美丽，绒毛厚密而柔软，几乎不会被水浸湿，保温抗冻作用极好。据叶梦珠说，清初制暖帽时也是“即贵貂鼠，次则水獭，再次则狐，其下者滥恶，无皮不用”[2]。明末清初重毛皮的风尚是延续的，貂鼠和水獭这两种毛皮被推为最昂贵的皮货，在当时是非常流行的奢侈品，普通人是享用不起的。

那么，“卧兔儿”到底流行了多长时间？其实，这是不可能准确回答的一个问题，我们或许可以把握一个大致的时间段，并着重考察在这个大的时间范围内“卧兔儿”发展演变的状况。《金瓶梅词话》于万历年间成书，书中多次提到“卧兔儿”，这说明至少在万历年间已经流行。但其上限能追溯到什么时候呢？嘉靖的最后两年，权臣严嵩被削为平民，籍没家产，他贪污受贿，生活奢侈，被没收

---

[1] 也许由于貂鼠和水獭的毛皮被认为是最珍贵的毛皮，小说的作者就只谈到这两种材料的“卧兔儿”，现实生活中或许也有狐皮等其他材料的“卧兔儿”。

[2] （清）叶梦珠：《阅世编》，上海古籍出版社，1981年，176页。

的金玉服玩，良田甲第无数，均记录在《天水冰山录》中。从书中的记录看，所有当时流行的奇珍异宝应有尽有，金玉首饰的数量惊人，但貂鼠裘皮类的服饰并不多，只有两件貂鼠皮袄、两件狐裘、两件豹皮衣、五条貂鼠风领（围脖），没有见到"卧兔儿"。[1] 如果嘉靖年间已经流行"卧兔儿"，严嵩家不应该没有，据此推测，"卧兔儿"可能流行的上限在万历年间(隆庆的六年时间忽略不计)。那么，下限到什么时候？又是如何演变的？成书于乾隆六十年（1795 年 ）的《扬州画舫录》云："扬州鬏勒异于他处，有蝴蝶、望月、花篮、折项、罗汉鬏、懒梳头、双飞燕、到枕鬏、八面观音诸义髻，及貂覆额、渔婆勒子诸式。"[2] 说明貂覆额（女子头上的毛皮饰物）在乾隆六十年以前还在流行，但其样式与前面谈到的"卧兔儿"是否一样，则是值得关注的问题。曹雪芹（1715—1763 年 ）在人生的最后十年（乾隆十八年至乾隆二十八年）创作小说《红楼梦》，第六回描写王熙凤的穿着："那凤姐儿家常带着秋版貂鼠昭君套，围着攒珠勒子 [3]，穿着桃红撒花袄，石青刻丝灰鼠披风，大红洋绉银鼠皮裙，粉光脂艳，端端正正坐在那里，手内拿着小铜火箸儿拨手炉内的灰。"[4] 可见乾隆时期已经将女子头上的毛皮饰物称为"昭君套"，那么，这种"昭君套"的造型又是怎样的？从清代画家改琦（1773—1828 年 ）所绘《红楼梦》中王熙凤的形象可见一斑 (图7-6)，她额头上所戴即是秋版貂鼠昭君套 [5]。改琦为乾隆三十八年生人，在曹雪芹去世后十年出生，与曹创作《红

---

[1] 撰人不详：《天水冰山录》卷二，中华书局，1985 年，181 页。

[2] （清）李斗：《扬州画舫录》卷九，中华书局，2007 年，130 页。

[3] 这可能还是珠子箍儿渔婆勒子的另外一种名称，随着时间地域的改变，珠子箍儿的叫法和形制都会不同。

[4] （清）曹雪芹：《红楼梦》第一卷，北京图书馆出版社，57 页。

[5] 书中说王熙凤戴的是秋版貂鼠昭君套，据此推测可能还有冬版的昭君套，应该是更保暖一些的，也许像今天的毛皮帽子，这一点还有待考证。

（左）图 7-6 王熙凤（改琦绘
《红楼梦》）

（右）图 7-7 "87 版"《红楼梦》
中邓婕饰演的王熙凤

楼梦》的时间相距并不遥远，应当了解曹所描绘的貂鼠昭君套的样式，因此，他的绘画与当时的式样应该是符合的。从画面上看，它的形式与前述"卧兔儿"有所差别，前面正中间的毛皮上有金玉或珠子装饰，后面也有毛皮，整体上看是一个无顶的毛皮套子，让发髻露在外面。"87 版"《红楼梦》中邓婕饰演的王熙凤（图7-7）即戴着"昭君套"，她基本上是按照改琦所绘的图像来着装的。

为什么说"昭君套"不是像"卧兔儿"那样仅在前额上覆盖毛皮，而是前后一圈都有呢？首先，"套"字是带有动作意味的，也就是说要套在头上；其次，"昭君套"是对游牧民族头饰的模仿，其原型是北方游牧民族女子冬天常戴的毛皮套子，这种毛皮套子兼具保暖和装饰作用。明代刊刻《摘锦奇音》中的插图，描绘的是班超夷地赏月的情形。其中，翩翩起舞的夷地舞女头上戴的就是这种毛皮套子，在额前后围一圈，露出发髻（图7-8）。在明代刊刻的大量戏曲小说的版刻插图中，只有游牧民族的女子才有此头饰，这是游牧民族女子的重要象征。清代的统治者为以前生活在东北地区的满族，本来就衣毛皮服饰，妇女冬天戴这种毛皮套子是很自然的事情。只是汉家女在模仿时，必然要取一个跟汉文化有些关系的

图 7-8《投笔记》插图局部
（《摘锦奇音》）

名字，"昭君套"应该是汉人模仿佩戴时对它的命名。当汉家女想要模仿这种装饰并给它命名时，自然会想到戴上这种毛皮套子犹如出塞的昭君（汉家女），或者想象昭君戴的就是这样的毛皮套子。因此，这种毛皮套子在流行时便有了一个美丽的名字——"昭君套"。从万历年间女子头上流行的毛皮饰物"卧兔儿"到乾隆年间依然流行的毛皮饰物"昭君套"，历经两百余年，其中的演变自然非常丰富多样。清初的《醒世姻缘传》，成书时间介于《金瓶梅词话》与《红楼梦》之间，第一回写晁大舍给珍哥做了一套准备打猎的服饰："与珍哥新做了一件大红飞鱼窄袖衫，一件石青坐蟒挂肩；三十六两银子买了一把貂皮，做了一个昭君卧兔……"[1] 其中提到的毛皮饰物叫"昭君卧兔"，似乎可以看成"卧兔儿"到"昭

---

[1]（清）西周生：《醒世姻缘传》第一回，齐鲁书社，1980年，10页。

君套"[1] 的中间过渡阶段。当然，今天我们很难还原当时复杂的演变过程，也无法界定准确的演变时间，但有一点是肯定的，即"卧兔儿"型的毛皮饰物曾是明末清初女子头上时尚而又奢侈的装饰品，流行地域不仅在北方地区，亦及江南。

二、"卧兔儿"的流行时尚与物质文化的关系

晚明流行的"卧兔儿"毛皮奢侈头饰，是偶然产生的，还是具有一定的客观原因呢？这就涉及"卧兔儿"与物质文化（material culture）的关系。下面我们就两个方面来讨论。

1. "卧兔儿"与明代头饰

"卧兔儿"作为一种头饰在晚明之所以流行，与明代对头箍的重视具有密切的关系。据说大禹的时代即有缠头的情况，称为"抹额"，《说郛》载："昔禹王集诸侯于涂山之夕，忽大风雷震，云中有甲马及卒一千余人，中有服金甲及铁甲者，不披甲者以红绢抹其首额，禹王问之，对曰：'此抹额。'盖武士之首服，皆佩刀以为卫从。"[2] 这是军容仪仗队列的标志。又《御制律吕正义后编》云："四夷舞士，东夷四人，椎髻于后，系红销金头绳，红罗销金抹额中缀涂金博山，两旁缀涂金巾环，明金耳环，青罗生色画花大袖衫，红生色领，高丽袖，红罗销金

---

[1] 沈从文先生在《中国古代服饰研究》第 417 页说"昭君套"就是"披风"，笔者存疑。"昭君套"已如文中讨论，而"披风"则是明末清初女子、男子常服的一种服装，后文专门讨论。

[2]（明）陶宗仪：《说郛》，中国书店据涵芬楼 1972 年影印，1986 年。

裙缘，红生绢衬衫，锦领涂金，束带，乌皮靴。"[1] 这是舞士戴抹额的情况。后来，抹额从仪仗队、舞士的额头装饰逐渐转向普通人的头饰，并随着朝代的更迭和地域的变换，有了许多不同的名称，如额帕、额子、苏州勒子、渔婆勒子、珠子箍儿等，恐怕都是抹额的遗意。与其他朝代相比，明代是女子围额装饰最为重要的时期，此类装饰种类繁多，造型各异。无论是文献、图像还是考古出土实物[2]，都很丰富。扬之水先生认为明代珠子箍儿是对元代脱木华和速霞真的继承、发展和变化，最大的变化是由阔变窄。[3] 老年妇女戴的较宽，年轻人戴的较窄。有的分两层，前面打结和装饰珠子等，这些都是明代的变化。明代的珠子箍儿、勒子是由乌绫（冬季）、乌纱（夏季）、珍珠等材料制成，试想有一天女子头上的毛皮饰物流行，成为奢华的象征时，人们自然会套用当时流行的珠子箍儿、勒子的样式，跟随其宽窄及造型进行变化，只是将材料换成昂贵的貂鼠、水獭等。这便是"卧兔儿"得以流行的基础之一。[4]

如果我们认定"卧兔儿"是对珠子箍儿、勒子的模仿，那么，另外一个问题就出现了：用毛皮制成的饰品，为什么只模仿珠子箍儿或勒子等装饰在头部，而不是模仿禁步叮当佩在腰上，坠领、坠胸挂在胸前呢？这里就涉及一个物质文化的问题。对价格高昂的貂皮、水獭皮的穿戴实际上是人们富贵奢华、身份地位的象征，当人们要用它作装饰时，一定会将它戴在最重要、最显眼的地方[5]。什么

---

[1]《御制律吕正义后编》卷九十二，《钦定四库全书》经部，乐类。

[2] 实物可参看上海打浦桥御医顾东川夫妇墓出土珠子箍儿，《上海明墓》，62 页，彩版二八。定陵出土孝端皇后的头饰中有"抹额"，参看《定陵》，图版 240。

[3] 扬之水先生对珠子箍儿有详细的考释，参看其著作《古诗文名物新证》第一卷，紫禁城出版社，2010 年，194—195 页。

[4] 在本文写作之初，王魁先生提出的建议对笔者思考此问题起到很大的帮助，在此致谢！

[5] 皮袄由于体积太大，不属于饰品，此处暂不讨论。

地方是晚明女子认为最重要的装饰部位呢？仔细观察晚明女子的服饰，会发现两个有趣的现象：首先，明代婢女与主人的服装样式基本相同，虽然材料有所区别，但最大的差异是在头饰上。头饰是女子身份地位的重要象征，不能僭越，如婢女不能戴鬏髻等。在服装相对固定的时候，女人比拼的是头上的首饰。《金瓶梅词话》中常见女人为首饰相互攀比、争风吃醋的现象。其次，晚明女子服饰中有"显"与"隐"的问题。唐代女子服装的袒领低胸被认为是非常开放的，属于强调暴露

图 7-9《新镌绣像玉簪记》插图
（《傅惜华藏古典戏曲珍本丛刊》）

皮肤的"显"的现象。晚明世风日下，传统的伦理道德受到严重挑战，两性关系相对开放，反而没有像唐代服装那样暴露皮肤，而是采用立领纽扣的形式，将身体紧紧地包裹起来，让身体隐藏在服装之下，只有头部露在外面。这里"隐"和"显"的关系到底是怎样的呢？"隐"或许是为了更好的"显"，隐藏了身体，显露了头部；隐藏了皮肤，显露了身材。实际上，晚明女子的服饰如"扣身衫子"、"比甲"、"披风"都是很显身材的[1]，这可能与晚明服饰体现的身体意识有关，鉴于篇幅和主题的限制，对此不展开讨论。总之，晚明女子包裹身体和皮肤的服装（图7-9），使头部成为更受重视的装饰部位。炫耀财富、标榜身份地位的毛皮装饰模仿当时流行的珠子箍儿、勒子，也就可以理解了。

2. "卧兔儿"与皮货贸易

"卧兔儿"在晚明流行的另外一个推动力，是商品经济的繁荣带来的马市交易，使皮货进入了妇女的时尚消费范围。中国的马市兴起于唐宋，发展于明朝，衰落于清代，时间长达千余年之久。[2]尤其晚明是马市交易的高峰时期。许多毛皮如貂鼠皮、水獭皮、狐皮、鹿皮、熊皮、羊皮、马皮、牛皮、猪皮等都交易到了内地。图7-10是明代《南都繁会图卷》的局部，描绘了明代南京商业的繁华，可见明显的招幌"西北两口皮货发客"的字样，说明当时皮货是热门的商品。另外，通过保存下来的万历年间的零星档案也可见一斑。表1反映了万历四年七月

---

[1]（明）朱之瑜：《朱氏舜水谈绮》，华东师范大学出版社，1988年，91、92页的明代披风的形制是收腰大摆，这样定会显得身材苗条。

[2] 魏明孔：《西北民族贸易研究》，中国藏学出版社，2003年，2页。

图 7-10《南都繁会图卷》局部（《中国国家博物馆馆藏文物研究丛书》绘画卷）

到九月镇北、广顺、新安三关[1]马市交易皮货的情况，三个月共有 2246 位牧民
到马市交易，共成交 833 件毛皮货物。[2] 这是保存下来的万历年间最早的马市交

---

[1] 明洪武二十一年始，在今辽宁开原老城的西、北、东设立新安、镇北、广顺三关。北方的游牧民族
　　分别通过三关进入马市，与汉人进行贸易，万历年间还是以物易物的方式。一切在官方的掌控下进行，
　　官方对交易的货物抽收银两。
[2] 由于档案的一些残缺，有些数字未能统计进来。实际交换的毛皮数量应该比这个数字大。

易档案。万历五年、六年的档案，使我们看到参加交易的游牧民族人数和货物的数量逐渐增大，有时一次交易的貂皮数量就达到了 175 张，一次的人数达四百多人，时常每天都有交易。官府抽收的银两从万历四年一次 2.156 两增长到万历五年一次 56.881 两，从中可见交易量的增长及皮货需求量的增加，从某种程度上也反映了皮货的流行。尤其是貂鼠、水獭等价格昂贵的毛皮，是相当奢侈的消费品，满足了晚明人们竞奢尚奇、僭名越分的风气 [1]。按照礼制的规定，珍贵的毛皮只有官员命妇才能穿戴，晚明属于天崩地裂的时代，服饰礼制的崩溃给人们的僭越提供了条件。大量的富商（具有很强的消费能力）通过"社会仿效"（social emulation）模仿官员命妇的服饰，达到社会流动及纵向上升，从而打破既定的身份区隔。如《金瓶梅词话》中，仅"钱过北斗，米烂陈仓"的西门庆的妻妾、富媚林太太、命妇蓝氏以及妓女郑爱月、郑爱香（服饰由嫖客置办）都戴"卧兔儿"，穿貂鼠皮袄或貂鼠披风。

《金瓶梅词话》中没有提及一个"卧兔儿"值钱多少，但说李瓶儿的一件皮袄价值 60 两银子，按照侯会先生在《食货金瓶梅》中所做的换算（按实际购买力），1 两银子相当于今天约 200 元的购买力 [2]，那么，李瓶儿的一件皮袄，相当于今天的 1 万多元，自然属于奢侈品。前引清初的《醒世姻缘传》中说为珍哥"买了一把貂皮"做昭君卧兔，花费 36 两银子，对比李的皮袄，此貂皮的价格似乎太高，

---

[1] 关于明代奢侈品可参看 Craig Clunas. *Thing in motion, Superfluous Things : Material Culture and social Status in Early Modern China*（Hawaii : University of Hawaii Press,1991），pp.116–140。巫仁恕在《品位奢华》第 128 页中谈到，明代到了嘉靖年间，平民服饰一改明初的朴素守制度的情形，而走向华丽奢侈，僭越礼制。关于晚明尚奇的风尚可参阅白谦慎《傅山的世界》第 14 页。另可参阅拙文《晚明尚"奇"的审美趣味刍议》，《装饰》2008 年第 11 期。

[2] 侯会 :《食货金瓶梅》，广西师范大学出版社，2007 年，34 页。本书为郑岩先生推荐阅读，对本研究颇有帮助，特此致谢！

表 1　万历四年七月至九月三关皮货交易概况

时间	人数	进入地点	貂皮	羊皮袄	羊皮	马皮	毡	鹿皮	水獭	靴	狍皮	牛皮	马尾	猪皮	熊皮	不知名皮	总计
初二	176	镇北关	1	2	7	8	2										20
初七	380	镇北关		24	6	4		3.5		14	16						67.5
十三	387	广顺关		3	2	5		3		19	10	1	0.5				43.5
缺	218	镇北关	8	12		6					7						33
十九	480	广、镇关		62	1	6	3	5		97	51	12		7		187	431
缺	425	镇北关		39		4	3	8	1		151			24	8		238
十四	14	新安关															
缺	4	新安关															
十六	162	新安关															
合计 9天	2246	三关	9	142	16	33	8	19.5	1	130	235	13	0.5	31	8	187	833

（时间栏各行属"万历四年七月至九月"）

资料来源：根据《中国明朝档案总汇》第 100 卷中的万历四年的档案统计、新安关数据缺失。

考虑到白银的过量流入 [1]，清代的银子与明代相比，有所贬值，再者，貂皮本身也有质量差异，一张好的貂鼠皮应值十多两银子，差点的在十两以下（当时在张家口交易），相当于今天几千元。关键的问题是数量稀少，参看表1所示万历四年七月到九月的三关马市交易，只有9张貂皮，1张水獭皮。从官府在马市抽银的情况看（表2），1张貂皮虽然小，却与20双皮靴、10张羊皮、4头小猪等值，可见其珍贵的程度。

以上只是从保存下来的零星档案来讨论一个地方（开原）的马市情况，从中已能看到皮货贸易在晚明的盛行。晚明还在西北等多处设立马市，与游牧民族进行马、毛皮及其他货物的贸易，据此可以想见皮货贸易在晚明的兴盛。当大量的毛皮进入内地，势必引起人们对毛皮的兴趣，而人们对毛皮的兴趣又会刺激皮货市场的进一步繁荣。这样，也就推动了毛皮的流行时尚。台湾"中研院"史语所的赖惠敏先生在《清乾隆朝内务府的皮货买卖与京城时尚》中讨论的乾隆时期与俄罗斯恰克图的皮货贸易，这种贸易往来大大地推动了京城毛皮服饰时尚。清宫廷大量购买恰克图的皮货，选取优质的留用宫廷，然后将另外的一些毛皮抛向国内市场出售，谋取高额利润。由于大量的毛皮在市场上流通，宫里又时时穿戴毛皮服饰竞奢，自然会引起民间的追逐和仿效，时尚的趋势自上而下，从而带动整个社会的毛皮流行时尚。虽然我们没有资料显示晚明的宫廷也做毛皮生意，但通过万历年间的少许档案，至少可以看到在马市交易中，毛皮已经通过普通商人的成功交换进入内地的流通领域，市场上大量流通的毛皮是流行时尚的基础。如果人们非常喜欢穿戴毛皮服饰，而无法买到，一切皆无可能，又怎么可能谈到皮货

---

[1] 晚明的流通货币主要为白银，樊树志在《前近代中国总量经济研究》的序中说，16、17 或 18 世纪，世界白银的四分之一到三分之一，通过贸易途径流入中国。这一点已经得到许多学者的证明。

表2　万历四年至六年三关马市交易部分货物抽银数　（单位：分）

	品种	单位数量	单位产品抽银数	品种	单位数量	单位产品抽银数
万历四年至六年	貂皮	1张	2	小猪	1头	0.5
	水獭皮	1张	2	奶马驹	1匹	10
	狐皮	1张	1	羊皮袄	1件	1
	羊皮	1张	0.2	缎袄	1件	5
	熊皮	1张	2	缎子	1疋	10
	狍皮	1张	0.5	绢	1疋	1
	毡	1块	0.5	木菇	1斤	0.6
	马尾	1斤	0.6	木耳	1斤	0.1
	鹿皮	1张	2	珠子	1颗	6或23.7
	靴	1双	0.1	羊	1只	2
	小牛	1头	10	驴	1头	10
	大牛	1头	20	小马	1匹	20

资料来源：据《中国明朝档案总汇》第100卷中万历年间的部分档案统计。

的流行时尚，更无法谈到"卧兔儿"的流行。

　　晚明是伦理道德面临颠覆、服饰礼制严重溃散、竞奢崇物拜金成风的时期[1]，服饰上出现了以江南的苏州为中心，引领全国服饰潮流的时尚，各种奇装异服涌现，相互竞奢攀比蔚然成风。以貂皮和水獭皮为材料制成的"卧兔儿"，

----

[1] 晚明人对物的崇拜以及物品与文化的关系，可参看柯律格：《明代的图像与视觉性》，北京大学出版社，2011年，34页。王正华：《艺术、权力与消费：中国艺术史研究的一个面向》，中国美术学院出版社，2011年，199—203页。

模仿当时流行的珠子箍儿、勒子的造型，成为女人额头上的奢华装饰，只有在这样的时代背景下才有可能诞生。

仔细观察便会发现：无论是珠子箍儿、勒子还是"卧兔儿"，作为女人额头的装饰，都显得很突兀，很难称得上漂亮，但流行时尚往往是没有道理可讲的。以今天的审美趣味看，唐代女人的眉毛全部剃掉后再画上绿眉，该是多么难看！辽代女人模仿佛像，整个脸部涂成黄色（"佛妆"），正好成为名副其实的"黄脸婆"，而在当时却被认为是无比的美丽。可见，当整个社会的审美趣味一致导向某种方式时，大众只会盲目地跟风，所以千万不能低估流行时尚的力量。但从社会学角度观照，流行的背后总有各种原因，服饰归根结底还是物质文化的载体，可以说是物质文化折射出来的一种表现形式，透过一个时期的流行服饰，可以进行多角度的文化分析，因为流行的服饰会提示人们很多隐藏在背后的信息。如以上讨论的"卧兔儿"，至少给我们提示了比较重要的三条信息。

第一，"卧兔儿"的流行反映了晚明女子服饰对毛皮的重视，结合晚明女子服饰中流行的开衩的披风、比甲等（毛皮和开衩的服饰都是游牧民族的特征），集中体现了北方游牧民族服饰在晚明时期产生的强大影响力，就像迎面吹来了一股"游牧风"。这或许与自金代以后，北方基本上由游牧民族控制有关。作为明代都城的北京（成祖迁都以后）自然存有许多游牧民族服饰的遗风，这种遗风会通过京城的力量波及全国。[1] 当晚明社会急速变动，流行时尚得以迅速传播时，游牧民族的服饰特征也就从京城传播到各地，如貂皮即是从京城流行后传入江南的。

第二，"卧兔儿"和貂鼠暖耳之类的小件毛皮饰物，或许是引领人们对"毛

---

[1] 虽然晚明江南是全国的服饰时尚中心，但京城依然拥有自己的时尚特征，有时与江南互动，并影响到全国。

图7-11《西门庆踏雪访爱月》
（《清宫珍宝皕美图》）

图7-12《元夜游行遇雨雪》
（《清宫珍宝皕美图》）

色"欣赏的开端，使毛皮的装饰功能逐渐突显，从而带来毛皮从功能价值（保暖）向装饰价值（华丽）的转变。从"卧兔儿"戴在头上的画面效果看，貂鼠皮和水獭皮的毛是向外的，这一点与西门庆戴的貂鼠暖耳相同（图7-11）[1]，但与当时人们穿的貂鼠皮袄却不同，皮袄的毛在里，外面用缎子缝合（图7-12），袖口和开衩的地方镶毛皮，毛向外。皮袄的情况说明缎子在时人心中地位很高。前文表2显示，一件缎袄抽银5分，一张貂皮抽银2分，可见缎子的珍贵。由于毛皮越来越受到

[1]《金瓶梅词话》第七十七回。西门庆"戴着毡忠靖巾，貂鼠暖耳，绿绒补子袯褶，粉底皂靴，琴童玳安跟随，径往狮子街来"，后来他又踏雪访爱月。图中所见的貂鼠暖耳为明末清初的样式。

人们青睐，在皮袄的袖口、开衩处也会镶毛皮彰显奢华。无论如何，貂鼠皮袄毛在里、缎在外说明此时貂皮的主要功能还是保暖，"毛色"本身的奢华和美丽还没有受到足够的重视和欣赏。

随着女人头上"卧兔儿"的流行，人们可以挑选质量上乘的貂皮制成"卧兔儿"，这样，美丽而奢华的"毛色"得到人们越来越多的欣赏。随着人们对"毛色"欣赏的逐渐增强，毛皮在兼具保暖功能的同时，其装饰性上升到了更高的地位，也就产生了我们今天所见的貂皮大衣的毛都是向外的。[1]

第三，"卧兔儿"、珠子箍儿、勒子的流行，影射了晚明时期相当盛行的竞奢炫富的风气。这些装饰是否美丽并不是当时女子关心的重点，关键是通过戴上这些昂贵的奢侈品，彰显自己的富与贵，从而心中油然而生一种美的愉悦！当"卧兔儿"成为一种时尚的头饰时，它是身份的象征，是奢侈的象征，在条件允许的情况下，女人都想戴上一个。犹如今天流行 LV 的包，且先不论这个包是否漂亮（有的甚至很难看），但有人节衣缩食也要购买一个，以示"身份"。无怪乎外国奢侈品牌称：既然中国人以这种态度消费奢侈品，我们有什么理由不进军中国市场呢？回头看晚明，已经有了时尚的趋势，也有了足够的"品牌"意识！虽然，当时已有文人提出这些装饰的不堪入目，但又有谁去理会。如《三冈识略》云：

> 余为诸生时，见妇人梳发，高三寸许，号为"新样"。年来渐高至六七寸，蓬松光润，谓之"牡丹头"，皆用假发衬垫，其重至不可举首。又仕宦家或辫发螺髻，珠宝错落，乌靴秃秃，貂皮抹额，闺阁风流，不堪寓目，而彼自以为

---

[1] 至少在乾隆时期就已有人穿着毛向外的皮袄，乾隆时期的宫廷画家贾全绘《二十七老》中的刑部尚书吴绍诗就穿着皇帝赏赐的皮袄，其毛在外，曰"端罩"。

逢时之制也。[1]

晚明服饰礼制涣散，出现我们今天所谓的服饰时尚，时人称为"时世装"[2]。主要表现为几大特点：①服饰形制变化迅速，含复古之风；②竞奢炫富，更多表现在头饰和服装材料上；③"服妖"，即奇装异服，如当时的大臣张居正居然涂脂抹粉着女人装，这样更多的是为了彰显个性，以示与富商大贾和普通士人的身份区隔。其中，"竞奢炫富"在晚明形成非常强劲的势头，表现在衣食住行各个方面。尤其在服饰方面，流风所及不仅在富裕阶层，家无隔夜食的人也竞衣绸缎。《金瓶梅词话》第五十六回说西门庆十兄弟之一常时节，家里穷得揭不开锅，西门庆接济他十二两银子，他第一件事便是上街给老婆买了绫绸绢制成的袄、裙、衫等衣服。虽然有些贵，但他老婆却认为很划算。[3]

无疑，毛皮和珠子都是晚明价格高昂的奢侈品，而且数量稀少。从前文表1、表2看，有些珠子的价格相当于貂皮的十几倍，甚至出现了"金子不如珠子"的说法。[4] 这样，晚明女子额头装饰"卧兔儿"和珠子箍儿，是否漂亮并不是关键，重要的是炫耀了时人认为最珍贵的毛皮和珠子，并将其戴在最显眼的额头，竞奢炫富的意味就不言而喻了！

---

[1]（清）董含：《三冈识略》，复旦大学图书馆致之整理校点。

[2] 陈宝良：《中国妇女通史》明代卷，杭州出版社，2010年，490页。

[3]（明）兰陵笑笑生：《金瓶梅词话》第五十六回，梦梅馆印行，1992年，708页。

[4] 屈大均：《广东新语》卷一五《珠》，1985年，413页。在明代，珍珠因产地不同，质量各有差异。珍珠可以分为南珠（出广西合浦）、西珠（出西洋）、东珠（出东洋）三种，其中以南珠最为珍贵。由于明朝人已经掌握了人工养殖珍珠的技术，所以珍珠又分天然与人工两种。天然者称"生珠"，养殖者称"养珠"。同注，414页。

第二节 西风东渐：“披风”的缘起 *

　　如果观察明末清初的绘画、瓷器装饰以及其他视觉媒材，便会发现有一种女子服饰常常出现，说明它在当时相当流行，但中国服装通史类书籍均未提及此服。检讨明代五十余座墓葬的考古报告资料，在衣物大多腐烂无存的情况下，依然保存下来七件此类服饰的出土实物。由于考古人员不知其名，在报告中分别给予不同的名称：浅褐流云天鹅绒绢对襟半袖单衣和驼色素缎对襟半袖袄[1]、开襟长龙袍[2]、素绸方领衫[3]、绸银白色八宝纹夹衫[4]、褐色八宝纹缎绣龙方补立领女夹衣[5]、麻布对襟衣[6]。经过笔者的初步考证，此种服装在明代有专门的称谓——披风，当时男女皆服，且形制上没有太大的区别。此处只讨论女服“披风”的形制、材料、流行时间、穿戴搭配方式以及流行原因等相关问题。

* 本节原文是笔者受北京市教委人才强教项目资助在牛津大学访学时撰写，指导教师为牛津大学艺术史系柯律格教授。写作期间也得到 Verity Wilson 女士、Teresa Fitzherbert 女士的帮助，在此一并致谢！

[1] 刘恩元、贵州省博物馆：《贵州思南明代张守宗夫妇墓清理报告》，《文物》1982 年第 8 期。
[2] 江西文物工作队：《江西南城明益宣王朱翊鈏夫妇合葬墓》，《文物》1982 年第 8 期。
[3] 泰州市博物馆：《江苏泰州明代刘湘夫妇合葬墓清理报告》，《文物》1992 年第 8 期。
[4] 何继英主编：《上海明墓》，文物出版社，2009 年，134 页。
[5] 中国社会科学院考古研究所、定陵博物馆、北京市文物工作队：《定陵》（下），文物出版社，1990 年，图版九十。
[6] 德安县博物馆：《江西德安明代熊氏墓清理报告》，《文物》1994 年第 10 期。

图 7-13 妇人像（明 佚名）　　　　　图 7-14《雍正妃行乐图》（清 佚名 绢本设色）

一、"披风"的形制

这里讨论的"披风"是明人对当时一种服装的称谓,并非今人所说的"披风"

或"斗篷"。沈从文先生在《中国古代服饰研究》中谈到明代服装时,认为"昭君套"就是"披风"[1],笔者存疑。初步的考证说明,明代的"披风"确系一种男女皆服的外衣,具有固定的形制,并非沈从文先生所说的"昭君套"。

我们参看明末《妇人像》(图7-13)和《雍正妃行乐图》(图7-14),妇人外面穿着的服装即是"披风"。与贵州思南明代张守宗夫妇墓出土的"披风"实物(图7-15)相比,二者形制基本相同。何以见得以上绘画中和墓葬中出土的此种服装名称为"披风"呢?明朱之瑜撰写的《朱氏舜水谈绮》[2],记录了他在日本介绍中国服饰及生活礼仪的相关内容,并用图文并茂的方式(附带尺寸)进行描述。其

图 7-15 驼色素缎披风(贵州思南明代张守宗夫妇墓)

[1] 沈从文:《中国古代服饰研究》,香港商务印书馆,1981年,417页,认为"昭君套"就是"披风"。关于"昭君套",笔者已在前文做过讨论,认为是一种女子的毛皮头饰。亦可参看拙文《晚明女子头饰"卧兔儿"考释》,《艺术设计研究》2012年第3期。

[2] (明)朱之瑜:《朱氏舜水谈绮》,华东师范大学出版社,1988年,692页,收入《域外汉籍珍本文库》史部第一辑,西南师范大学出版社、人民出版社联合出版,2008年。

中谈到明末清初人们常常穿着的一种服饰，名为"披风"（图7-16）。据图中的文字说明，披风最大的特点是对襟，瓦领[1]下端有玉扣花，或者用小带系缚，衽边前后分开不相属，通俗地说就是两边开衩。这些特征无论从服装款式，还是领子下端的玉扣花或小带，以及两边的开衩与对襟等细节上，都与前面提到的绘画及墓葬出土的服饰特征相吻合，据此判断此服即明代所谓"披风"。

若想更好地了解"披风"的形制特征，还可参看明代王圻、王思义编集，于万历年间刊刻的《三才图会》中的"披风"（图7-17），图上的榜题为"褙子"，图下的文字云：

> 即今之披风，《实录》曰：秦二世诏朝服上加褙子，其制袖短于衫，身与衫齐而大袖，宋又长与裙齐，而袖才宽于衫。[2]

以上文字提供了如下信息：王圻为万历年间人，即万历年间已经不用"褙子"一说[3]，而改称"披风"。"褙子"在秦二世的时代袖比衫短，身与衫齐，大袖，但未能发现那时的图像来佐证。目前见到此种"褙子"（唐代称"背子"）的最早样貌为西安唐殿中侍御医蒋少卿及夫人宝手墓出土的陶俑上的服饰[4]。其对襟无纽，身与衫齐，与《三才图会》中的描述吻合。宋代的"背子"（即元明的"褙子"）

---

[1] 关于"披风"的领式没有固定的叫法，此处所用"瓦领"的说法只是一家之言，并非朱氏书中的名称。
[2] （明）王圻、王思义编集：《三才图会》，上海古籍出版社，1988年，1535页。
[3] "褙子"作为服饰用语于元代首次出现，明代继续沿用，与唐宋的"背子"所指服饰相同，为长袖。而明代的"背子"与"褙子"已经具有不同的含义，"背子"无袖。很多服装史的书籍将二者混为一谈，实属错误。
[4] 西安市文物保护考古研究院：《西安唐殿中侍御医蒋少卿及夫人宝手墓发掘简报》，《文物》2012年第10期。

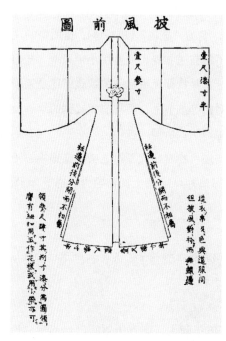

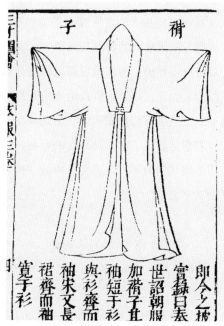

图 7-16《朱氏舜水谈绮》中的"披风"图　　　图 7-17《三才图会》中的披风（褙子）

长与裙齐，而袖变窄，略宽于衫（小袖），宋代此类"背子"的图像材料很多。此外，宋代也有继承前述唐代的"背子"的类型，长度及膝，依然为小袖。宋代齐裙的"背子"在元代继续沿用较多，称为"褙子"，从元代墓葬壁画中可以找到实例[1]。明代的"褙子"继承宋元的形制，齐裙和齐衫的两种"褙子"并存，最关键的要素

[1] 项春松、王建国：《内蒙昭盟赤峰三眼井元代壁画墓》，《文物》1982 年第 1 期。

图 7-18 明孝庄睿皇后钱氏
（台北故宫博物院藏）

是小袖。与明代"褙子"形制类似，袖子很大的服饰称为"大袖衫"或"大衫"（图 7-18），很多服装通史类书籍将此误认为"褙子"，实属误会。[1]

从形制上看，明代的"披风"与"褙子"比较接近，相同之处在于都是对襟、两边开衩的服饰。不同之处在于"褙子"的长度有齐裙（近地）和齐衫（近膝）两种，"披风"的长度都是与衫齐（近膝）；"褙子"为小袖，"披风"为中袖，长度在

[1] 通过初步的考证，笔者认为古代可能没有"大袖褙子"一说，"褙子"都是小袖，今天之所以有"大袖褙子"的说法，实际上是今人在撰写服装史时对一种与"褙子"形制类似、袖子很大的礼服给出的新称谓，而这种服饰在宋代叫"大袖"，明代沿用叫"大袖衫"或"大衫"，《宋史·舆服志》《大明会典》等对此服饰都有记载。关于"大袖"和"褙子"都有实物出土，参见江西省文物考古研究所：《南昌明代宁靖王夫人吴氏墓发掘简报》，《文物》2003 年第 2 期。李烨、周忠庆：《陕西洋县南宋彭果夫妇墓》，《文物》2007 年第 8 期。《江西德安南宋周氏墓清理简报》，《文物》1990 年第 9 期。福建省博物馆：《福州市北郊南宋墓清理简报》，《文物》1977 年第 7 期。

肘腕之间，露出里面的衫袖；"褙子"的裁剪上下一样宽，而"披风"是收腰的，腰部与底摆的尺寸差距较大，当然，不同时期和不同地域的样式会有些许变化。而"披风"与"褙子"最大的区别在于领子，"褙子"是合领，从上到下一直通下来，"披风"是重新撺的瓦领，将两领之间的距离加宽，领子的长度为一尺三寸（按照当时日本木匠曲尺记录，参见图 7-16），大约相当于今天的 42.11 厘米 [1]，这样长的领子下端基本接近腹部，应该说是很低的，加上两领之间的横向距离，这种大敞领必然给里面的衣服一个充分的展示空间。同时，这种瓦领是撺在衣服上的，方便拆换，古人衣服一般不能像今天这样洗涤，容易污损的领部能够拆换无疑是非常聪明的设计。可以说"披风"的形制是在"褙子"的基础上变化而来的，最大的变化体现在领部。

二、"披风"的材料、穿着方式及流行时间

将目前墓葬出土的七件"披风"进行整理（表 3）[2]，可见"披风"的材料是比较多样的，有麻布、素绸、天鹅纹绢、素缎、织花锦缎（提花锦缎）、绣缎等。明代小说《金瓶梅词话》第七十八回描述林太太穿的是"白绫袄儿，貂鼠披风，大红裙，带着金铎玉佩"[3]，可见这件"披风"的材料为貂鼠皮。《红楼梦》第六

[1]《朱氏舜水谈绮》第 692—693 页记载明代裁衣尺 1 尺等于 1.065 日本木匠曲尺。而明代裁衣尺 1 尺又等于 34.5 厘米，根据上海塘湾明墓出土的木尺实测，参见邱隆、巫鸿等编：《中国古代度量衡图集》，文物出版社，1981 年，图版说明第 9 页。通过换算，可得出"披风"领子长度为 42.11 厘米。

[2] 该表中的名字及描述内容都直接摘自考古报告，由于考古人员不知道此种服饰名为"披风"，所以从汇总表中看不到"披风"二字。

[3]（明）兰陵笑笑生：《金瓶梅词话》第四卷，梦梅馆印行，1992 年，1111 页。

回描写王熙凤的穿着："那凤姐儿家常带着秋版貂鼠昭君套，围着攒珠勒子，穿着桃红撒花袄，石青刻丝灰鼠披风，大红洋绉银鼠皮裙，粉光脂艳，端端正正坐在那里，手内拿着小铜火箸儿拨手炉内的灰。"[1] 这里描述的清朝乾隆年间"披风"材料为灰鼠，灰鼠又名松鼠，其皮毛做成的服饰在清代是相当珍贵的。

表 3　明代墓葬出土披风汇总表

	墓名	披风墓主	性别	生卒年代	披风描述（厘米）	质料	数量	资料来源
江西	江西德安明代熊氏墓	熊氏	女	成化壬寅—嘉靖十六年（1482—1537）	麻布对襟衣：月白色，袖通长140，身长93，腰宽65，下摆72，领宽10.1	麻布	1	《文物》1994年第10期
江苏	江苏泰州明代刘湘夫妇合葬墓	刘湘妻丘氏	女	弘治丙辰—嘉靖戊午（1496—1558）	素绸方领衫：衣长88，通袖长150，腰宽66，下摆宽89。方领，对襟	米黄色素绸面，土黄色素绸里	1	《文物》1992年第8期
贵州	贵州思南明代张守宗夫妇墓	张守宗夫妇，具体不详	男或女	张守宗：嘉靖五年—万历三十一年（1526—1603），其妻不详。张历任户部山西司员外郎	浅褐流云天鹅纹绢对襟半袖单衣	绢	1	《文物》1982年第2期
					驼色素缎对襟半袖袄	素缎	1	

---

[1]（清）曹雪芹：《红楼梦》第一卷，北京图书馆出版社，1992年，57页。

	墓名	披风墓主	性别	生卒年代	披风描述（厘米）	质料	数量	资料来源
江西	江西南城明益宣王朱翊夫妇合葬墓	朱翊，益宣王	男	嘉靖十六年—万历三十一年（1537—1603）	对开襟长龙袍：贴边斜领对开襟，在斜领和贴边上彩绣升天龙纹，肥袖方口，下端不缝合，袖口外绣有龙纹花边，在蔽膝处也有龙纹花边一道，形似道袍	织花锦缎	1	《文物》1982年第8期
上海	河南府推官诸纯臣夫妇墓	诸纯臣	男	嘉靖十一年—万历二十九年（1532—1601）	绸银白色八宝纹夹衫。对襟，长124	白色绸	1	上海明墓
北京	定陵	孝端后	女	嘉靖四十三年—万历四十八年（1564—1620）	褐色八宝纹缎绣龙方补立领女夹衣，身长76	外面为绣缎，里为绢	1	定陵

  《天水冰山录》记录严嵩的金玉服玩中，有纳锦八仙绢女披风1件、绿纳锦斗牛绢女披风1件、大红素罗女披风1件、大红斗牛纱女披风2件、红剪绒獬豸女披风1件、青过肩蟒绒女披风1件、宋锦斗牛女披风1件。[1] 在所有的记录中，似乎只有女"披风"，未见男"披风"，难道嘉靖时期男子并不穿着"披风"，或者说"披风"首先是女子的服饰，后来才逐渐变成男女兼穿的？从墓葬出土的"披风"实物看，男子所着的"披风"似乎都是万历年间的。《天水冰山录》显示，嘉靖年间的"披风"有绢、罗、纱、剪绒、宋锦等材料，结合墓葬出土资料可知"披

---

[1] 撰人不详：《天水冰山录》第二册，载王云五主编《丛书集成初编》，商务印书馆，1937年。

风"的材料有锦缎、绣缎、素缎、素绸、绢、罗、纱、剪绒、宋锦、貂鼠、灰鼠、麻布等。其中非常珍贵如锦缎、绣缎、貂鼠、灰鼠、宋锦、剪绒等，普通如麻布，应有尽有。其中，剪绒、蟒绒等都是明代非常珍贵的服饰材料，蟒绒是带蟒纹的绒，为御冬之衣。清代顺治时期以后，南方亦以皮裘御冬 [1]，加上外国呢绒的进入，绒价愈低，绒业逐渐衰落 [2]。宋锦在《天水冰山录》中只有两件：青宋锦刻丝仙鹤补圆领 1 件，宋锦斗牛女披风 1 件。这两件宋锦应该是一男一女的服饰。男服是仙鹤补子的圆领，与严嵩的一品官位吻合；女服为斗牛披风，可能是严嵩妻子的服装。男女主人也许在重要的礼仪场合才会穿着宋锦服装。

"披风"材料之丰富说明它是不同阶层的女子都能穿着的服饰，穿着时以质料的高下来区分身份地位的高低。身份地位高贵的可能采用昂贵的材料，如宋锦、绣缎、貂鼠之类；地位稍低的可能采用普通的材料，如素绸、麻布之类。另外，不同季节穿着不同材质的"披风"。如孝端皇后的是绣缎"披风"，春秋季穿着合适；而命妇林太太的貂鼠"披风"、凤姐儿的灰鼠"披风"、明代的剪绒"披风"都是相当昂贵的冬天御寒之衣。绢则同时涵括了地位和季节两方面的内容，绢是平纹组织，相对轻薄，如果单穿一般为夏季穿着，如果套在其他衣服外面穿着，作为春秋天的服装也未尝不可。地位低的可能穿素绢披风，地位高的（如严嵩妻子）穿的是绿纳锦斗牛绢女"披风"。纱、罗、绸也都是春夏兼顾的服饰。纱是用捻丝织成的织物，密度小，表面有均匀而明显的细孔。[3] 轻薄透明，可单穿，透出女人肌肤的朦胧之美，如唐代诗人温庭筠词："寒玉簪秋水，轻纱掩碧烟。"元杨维桢诗：

---

[1]（清）叶梦珠：《阅世编》，上海古籍出版社，1981 年，162 页。

[2] 相关内容可参看张保丰：《中国丝绸史稿》，学林出版社，1989 年，165—173 页。

[3] 张保丰：《中国丝绸史稿》，学林出版社，1989 年，174 页。

"美人睡起袒蝉纱，照见臂钗红肉影。"都是描写女人披纱的美丽。同时，纱质服装也可穿在最外层，隐约露出底层服饰的图案和质感，上下斗合，呈现服饰色彩和空间虚实的丰富之美。古人对纱的质感的美丽比今人领会深刻，具有较高的审美品位。他们抓住纱的飘逸、朦胧和透明的特点，将其覆盖在身体或其他质感的服饰上，尤能体现女人的风韵。要说性感，贴身穿纱比全裸更加性感，因为遮遮掩掩，给观众更多的想象空间，达到艺术的最高境界；若一览无余，思绪也就戛然而止。我们看到唐代妇女轻纱环绕，袅袅娜娜，风韵无限，总要感慨纱的诱人魅力。今天，服装设计师又开始大量使用纱质的材料，或许也是顿悟到了纱的真谛！《金瓶梅词话》第五十回描写王六儿出来："穿着玉色纱比甲儿，夏布衫子，白腰挑线单拖裙子。"[1]虽然作者没有说明夏布衫子和裙子的颜色，但无论什么颜色，罩上玉色纱比甲，都能将身份地位普通的王六儿的服饰档次进行提升，显得更加雅致。事实上，"比甲"与"披风"的关系非常近，从某种意义上说，"比甲"是无袖的"披风"。虽然我们还不知道纱质"披风"是否穿在服饰外面，但通过比甲的穿法可以想见，纱质"披风"应该常常穿在对襟衫子或袄子的外面，衬托服饰之美。

从以上对"披风"材料的分析来看，"披风"应该是不同阶层的妇女在一年四季都能穿着的服饰，形制不会有太大变化，材料会随着身份地位和季节变换有所改变。从图像和文献提供的资料看，"披风"是穿在最外面的服饰，大多在礼仪场合穿着。然而从《大明会典》的规定看，"披风"一般是命妇的服饰[2]，士庶之妻并不穿着。但在服饰僭越成为普遍现象的晚明，士庶之妻也会寻找穿着的机

---

[1]（明）兰陵笑笑生：《金瓶梅词话》第二卷，梦梅馆印行，1992年，610页。

[2]《大明会典》并没有直接提到"披风"的穿着规定，只是提到"褙子"。由于《三才图会》载"披风"即"褙子"，因此，我们可以按照"褙子"的情况来推断"披风"。

图 7-19 瓷瓶局部 [维多利亚和
阿尔伯特博物馆（Victory and
Albert Museum）收藏 ，1710
—1720 年]

会。从大量的明代版刻插图中，似乎没有见到婢女穿着"披风"的实例。

　　综合绘画、瓷器装饰和版刻插图等多种视觉材料，可以得出"披风"穿着搭配的几种方式。冬季，"披风"穿在立领的袄子外面，袄子下面穿裙，"披风"材料可为灰鼠、貂鼠、剪绒等较厚实的御寒材料（参见图 7-6）。春秋季，"披风"一般穿在对襟或斜襟衫子的外面，无论对襟和斜襟，都为立领，衫子下面为裙，这样的搭配在《金瓶梅词话》中有大量的描写，在此不再赘述。图 7-19 为英国维多利亚和阿尔伯特博物馆收藏的一件瓷瓶（1710—1720 年），上面的图案提供了这种搭配的图像资料。两女子所着"披风"的里面为立领的衫子，"披风"的长度基本与衫子一致，齐膝，下面为裙，裙外佩禁步。此斜襟衫子也为立领，立领上有一大一小两颗纽扣，这种带立领纽扣的衫子（无论对襟还是斜襟），是与"披风"最普遍的一种搭配，大量的图像资料证明了这一点（图 7-20）。春秋季的"披风"材料会多样一些，缎、绢、罗、绸、布，甚至纱质"披风"都是可以套在衫子外面穿的。在夏季特别炎热的时候，纱、绢、罗、绸质"披风"便可以贴身穿，里面不能为立领了，可直接穿在抹胸外面。虽然这样的图像材料不太多，但大英博物馆收藏的一张李廷熏的《四美图》还是让我们看到了这种穿着方式。绘画的服饰不一定能在生活中找到一模一样的实例，但它呈现了服饰的某种搭配方式，如图 7-21，身着红色"披风"的女子，袒胸，露出里面的抹胸。"披风"的领子为白色绢，领子下端的玉扣花与明代的有别，看起来是清代比较晚的款式。[1]

　　虽然从图像和文献中，可以看到有关女子穿着"披风"的描绘，墓葬出土资

---

[1] 在大英博物馆亚洲部主管 Jan Stuart 的帮助下，笔者有机会仔细观看博物馆库房收藏的此画，得以观察到一些服饰的细节。特此感谢！据 Jan Stuart 女士介绍，至今并未查到画家李廷熏的任何资料，但画上落款为此名，因此，关于此画的年代及相关情况也没有准确的信息。

图 7-20 明代女诗人倪仁吉像

图 7-21 李廷熏《四美图》之一 [清代，大英博物馆 (British Museum) 收藏]

料也给出了实物证明，但到底"披风"在明清流行了多长时间，实则是一个难以回答的问题。我们只能进行一个大致的推测。从墓葬出土的"披风"实物看，最早的一件应该出自江西德安熊氏墓，墓主熊氏的生卒年代为成化壬寅至嘉靖十六年（1482—1537 年）。"披风"为女子成年后的礼服，假定熊氏 15 岁开始穿着"披风"，那应到了弘治年间，也就是说，弘治年间的女子或许是穿着"披风"的，但也不能排除熊氏墓中出土的这件"披风"是在她生前更晚一些的正德或嘉靖年间才制作的，这些我们无从判断。墓葬出土的"披风"实物最晚的，出自定陵的孝端后之墓。孝端后卒于万历四十八年（1620 年），也就是说，在 1620 年左右"披风"可能还是流行的服饰。由于只有少量的明代墓葬出土服饰得以保存，因此可以参考的实物材料并不多。

从文献材料来看，"披风"二字作为服饰在明代才出现，多出现在《金瓶梅词话》、《三才图会》、《新刻徽郡原板诸书直音世事通考》等书籍中，这些书多成于万历年间。在此之前有关"披风"作为服饰的文献并没有见到。成书于乾隆年间的小说《红楼梦》，第六回描写王熙凤的穿着时提到"石青刻丝灰鼠披风"，这说明至少乾隆年间还是流行"披风"的。

从图像资料看，大部分能确定年代的女子穿着"披风"的绘画是在万历年间。有些女子穿着"披风"的肖像画得以流传至今，但无准确的年代记载，只能推断为明代。瓷器装饰显示，康熙年间女子穿着"披风"是非常普遍的。从乾隆年间改琦的绘画中，也能看到王熙凤穿着"披风"，这至少说明在康乾年间，"披风"还是流行的。大英博物馆收藏的李廷薰的《四美图》，如果按照大英博物馆所提供的作品年代，约为1773年（但不能确定），则为嘉庆年间的绘画。一则画家身份不能确定，二则画家有可能描绘的不是其生活年代的服饰，而是模仿或者演绎以前的服饰，尤其是《四美图》这样的题材，更不能排除模仿演绎的可能性。因此，嘉庆年间"披风"是否还在流行，实则是一个难以确定的问题。从绘画和其他媒材看，道光年间的女子服饰有一个较大的变化，此时基本上难以看到女子穿着"披风"的情形。

综合实物、图像和文献材料，笔者认为"披风"的流行时间可能是从弘治年间至乾隆年间，万历年间到康熙年间是流行的高峰期，最流行的时间跨度约为150年。这对于一种形制的服饰来说，其流行时间不能不算长，从中也能见到古代服饰的变化相对还是缓慢的。换一个角度说，在明末清初，服饰时尚变化相对较快的时期（尤其是江南地区），"披风"能够流行这么久，可见它是一种美观而又方便的服饰，深得人们的喜爱。京剧服饰中的"帔"便是对明代"披风"的继承和发展。

三、"披风"流行的原因

如前所述，这种敞领大开的"披风"在明清流行了相当长的时间，它的形制也是此前中国古代服装史上不曾有过的，它的流行应该伴随着偶然和必然的诸多原因。在这里提出一种观点，抛砖引玉，供大家商讨。

"披风"的雏形是"褙子"，但在"褙子"的基础上进行了一些改变。其变化（或区别）主要体现在收腰大摆和领子上，改变的原因可能是受到了西亚、中亚服饰的影响。明代以前中国古代女子的服饰不强调显露女性的身材，也不突出杨柳细腰的妩媚，一般是直摆下来。西方女子的服饰自古就强调收腰大摆，如克里特岛出土的持蛇女神雕像，袒胸露乳，细腰宽裙，彰显女性身材的性感。西方后来的紧身胸衣大撑裙，更加夸张地表现女性的第二性征。通过图像和实物考察，中亚以西地区的古代女子服饰都强调细腰大摆，以此突出女性的身材。因此，在明代中西交流的大背景下，"披风"的收腰大摆可能受到了来自西亚和中亚服饰的影响。而敞领大开的目的在于彰显"披风"下面所着衫或袄的立领上的纽扣。这些玉、金或鎏金的纽扣（有些镶嵌宝石）精美异常，是明代工匠的首创，当时被作为首饰对待[1]，在贵族女子的服饰中相当流行。下面就着重讨论西亚、中亚的服饰是如何影响"披风"的形制及其服饰搭配的。

以往的学术史研究比较关注明代初期郑和下西洋，通过海路与国外交流的情况，对中亚以及西亚在明初与中国的陆路朝贡贸易，并没有太多的注意。其实，当时陆路的朝贡贸易非常频繁。仅帖木儿王朝从洪武二十年（1387 年）至弘治

---

[1]（明）朱之瑜：《朱氏舜水谈绮》，华东师范大学出版社，1988 年，355 页。

十七年（1504 年），与中国的朝贡贸易达 78 次之多，甚至有时一年几次。帖木儿王朝主要供奉马、驼、玉石、狮子、刀、剑、盔甲等物，明朝赏赐给他们白银、彩缎表里、纱、绢、布、服装等。[1] 从洪武开始，不断有入附明朝的撒马尔罕回回。有明一代，尤其是正统、天顺年间，不少中亚帖木儿王朝的人士入附明朝，明廷将他们安置在北京、南京和甘肃等地的卫所里。[2] 另外，正德年间武宗召大量回回女入宫，表演西域歌舞，择其美者留之不令出。[3] 这说明有大量的色目女在明朝宫廷生活。明代初期通过海路、陆路与国外的交流，中亚回回入附明朝，以及武宗好色目女的这些零星材料，已经让我们感到在明初、中期，中国与西亚、中亚的交流相当频繁，应该说这种交流远远超过我们的想象。这种交流使得中亚人和西亚人的服饰在中土频频亮相，由于他们的服饰在形制上与中国的有所差异，自然会引起明人的兴趣，并进行模仿。"披风"就是在这样的背景下产生的。

从字面上看，"披风"是挡风的服装，在北方风沙大的地方，游牧民族特别喜爱穿着这样的服装，出门时披上它挡风，回家即脱下，很方便。因此，这种服装在西亚、中亚具有悠久的传统。如图 7-22 所示古代波斯的大衣（公元前 5、6世纪）[4]，穿在最外面的衣服，其形制与"披风"相似，直领下来也有系带，只是袖子偏小，直身无摆。这种敞开衣领的形式在 15 世纪波斯细密画的男女着装中依然能见到。如图 7-23 所示 15 世纪初期的波斯细密画中王子外穿的大衣，领部也是另外攃的领子，这种领子是从古代波斯服饰的传统中继承而来，随着朝代的

---

[1] 张文德：《明与帖木儿王朝关系史研究》附录二，中华书局，2006 年，266—272 页。

[2] 张文德：《入附明朝的撒马尔罕回回》，《西北民族研究》2003 年第 3 期。

[3] （清）毛奇龄：《明武宗外记》，中国历史研究社编《明武宗外纪》，上海书店，1982 年，13 页。

[4] Mary G. Houston and Florence S. Hornblower. *Ancient Egyptian Assyrian and Persian Costumes and Decorations*(A. and C. Black, Limited, 1920), pp.82−90.

更迭会有些许的改变。尤其值得注意的是，这种敞领也给里面服饰的领部提供了一个更好的展示空间。如图 7–24 所示 15 世纪波斯细密画中女子的着衣，外面敞开的衣领更加彰显了里面立领上的金扣的珍贵。[1] 这些波斯细密画的年代为 1410 年左右，正值明代永乐时期，也就是说，这种敞领大衣配里面的立领金扣的模式至少在与明初同期的西亚已经奠定，比我们的敞领"披风"配里面的立领金扣的服饰要早。考虑到前面所述的明代初、中期与中亚、西亚的频繁交流，西亚的这种服装搭配模式很可能被中土模仿，因为仔细检讨中国古代服装史，明以前并没有敞领外衣配里面立领金扣的搭配。这种搭配模式主要是游牧民族的服饰传统，

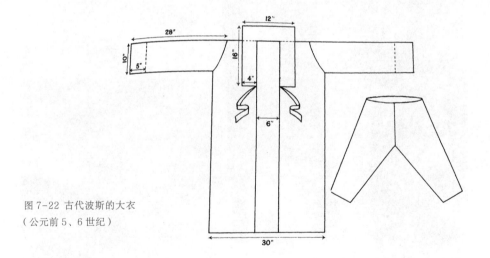

图 7–22 古代波斯的大衣
（公元前 5、6 世纪）

---

[1] Susan Scollay. *Love and Devotion: From Persia and Beyond*(Bodleian Library, 2012), p.71.

图 7-23 波斯细密画（1410 年）

图 7-24 波斯细密画（15 世纪，图片采自牛津大学博德利图书馆展览海报）

不仅在西亚流行，中亚也有类似的服饰搭配，而且与中国的"披风"及金扣的搭配方式更接近。

　　对比阿富汗出土的公元 1 世纪贵族女子的服饰与明孝洁肃皇后陈氏的服饰（图 7-25），便会发现她们服饰的领胸部处理非常相似，都是由大的金扣扣住外衣，里面的立领服装上用小型金扣装饰，区别在于阿富汗的大金扣用方形[1]，中国的

[1] 关于公元 1 世纪阿富汗出土的金器，参看 Fredrik Hiebert and Pierre Cambon. *Afghanistan: Crossroads of the Ancient World* (the British Museum Press, 2011), pp.244−256。

采用动物与花卉结合的异形（典型的如蝶恋花等）（图 7-26）。阿富汗的小金扣用丘比特骑在海豚上来表现，中国的用童子捧着葵花来表现[1]（图 7-27），虽然都选取了儿童的形象，但语法结构差异较大，寓意也不同。中国的子母套结式的结构比阿富汗的两钩直搭的简单结构更加富有巧思，两童子俯首向前，比较含蓄；阿富汗的丘比特昂首挺胸，更加自信浪漫。这两个简单的儿童形象，反映出中西文化的差异。前述两者的对比在时间上跨越了 15 个世纪，在某种意义上说是没有可比性的，它只能在如下的前提下才能比较：即 16 世纪阿富汗的女子服饰对 1 世纪的女子服饰的领胸结构依然有继承，虽然目前我们没有找到阿富汗 16 世纪女子服饰的图像或实物，但 19 世纪哈萨克斯坦的服饰依然保持此种领胸结构，说明以上的推测还是具备可能性的。中国古代有些交领服饰的基本形制也是持续

图 7-25 领胸部服饰对比 左：阿富汗墓葬出土贵族女子服饰搭配复原图；右：明孝洁肃皇后陈氏（台北故宫博物院藏）

---

[1] 明代墓葬出土了大量的纽扣，形制不拘于童子捧花的造型，还有蜂赶菊、蝶恋花、如意云纹、万字纹等各种类型。

图 7-26 纽扣对比 左：明益端王妃彭氏（弘治七年—嘉靖十六年）棺内出，长 8 厘米，宽 3.5 厘米；右：方形金扣，阿富汗地利亚·泰贝（Tillya Tepe）3 号墓出土，公元 1 世纪

图 7-27 小金扣对比 左：小金扣，长 4.5 厘米，高 3 厘米，阿富汗地利亚·泰贝（Tillya Tepe）2 号墓出土，公元 1 世纪；右：明代童子捧花小金扣，长 3.3 厘米，高 1.6 厘米

千年以上的，古代服饰结构的变化相对是比较缓慢的。

如果我们认定"披风"的流行是受到西亚、中亚服饰的影响，那么就涉及一个问题，为什么他们的敞领大衣与里面的立领金扣的搭配模式会受到明人的喜爱（当然具体的形制不可能与他们的一模一样，明人会有所改变，如领子、纽扣的造型就不同）。尤其是中亚、西亚流行的立领为什么会被明代女子接纳。

中国古代女子服饰在明以前没有立领的样式，而中亚至少在汉代就已经穿着立领服饰了（如新疆尼雅出土的浅蓝色长袖女绢衣）[1]。粟特出土的儿童夹衣（公元 8 世纪），外面质料为粟特丝，衬里为中国绢，立领（图 7-28）[2]，说明在 8 世纪的中亚服饰中依然存在立领的形制。14—16 世纪的波斯细密画中常见立领服饰，而中亚、西亚的服饰文化的相互影响是比较大的，应该说立领服饰在中亚、西亚是比较普遍的。其之所以在中亚、西亚流行，可能跟当地风沙大，气候寒冷，人们的游牧生活方式有关。明代的女子服饰接受并模仿中亚、西亚立领的形制，笔者认为比较重要的原因在于立领是和金扣搭配在一起的，而明初正好具备了制作金及金镶宝石纽扣的技艺，并已经制作了大量精美的金扣，很适合在立领上做装饰。据墓葬出土的资料显示，明代最早的女子服饰上的金纽扣出土于南京邓府山明代福清公主（1370—1417 年，朱元璋第八女）家族墓，是一副蜂赶菊的金"对扣"。明初的金"对扣"是中国服装史上的首创，它的子母套结式结构沿袭了以前织物纽扣的形式，图案纹样多有创新。中国从唐代开始在服饰上使用织物"对扣"，宋辽金元沿用，但还停留在闭合功能的层面，没有考虑其装饰功能，也没有广泛使用，因为服装的主要闭合方式还是系带。明代的金属"对扣"（有的镶嵌宝石）是一种奢华的首饰，同时兼具装饰和闭合功能，装饰功能更加突显。明初金纽扣主要用于胸前扣合"大袖衫"或"霞帔"，体量较大，后来使用位置逐渐从胸部转移到领部，这种转变在成化皇帝的王皇后的服饰上已有体现，当时是将两副金"对扣"缝在围住脖子的白色护领上，这里的金"对扣"纯粹起装饰作用，不具备闭合功能。试想，当西亚、中亚的立领配金纽扣（圆

---

[1] 李肖冰：《中国西域民族服饰研究》，新疆人民出版社，1995 年，75 页。

[2] James C. Y. Watt and Anne E. Wardwell. *When Silk was Gold* (The metropolitan Museum of Art, 1998), p.34.

图 7-28 儿童夹衣，长 48 厘，宽 84.5 厘米（粟特）

形或花瓣形）的形式传入中原时，人们很容易想到模仿其结构，将原来脖子上的护领变成与衣身一体的立领，让金"对扣"兼具装饰与闭合的双重功效，以此彰显纽扣的价值。至今，最早的立领对襟衫子出土于夏儒妻子的墓中（明正德年间）[1]，衣上留有清晰的 6 副"对扣"痕迹，但没有纽扣出土（此墓曾被盗掘，金扣或许已被盗）。这说明最晚在正德年间，金属"对扣"已经在立领的服装上使用了（不仅仅限于领部）。

由此可见，敞领大开的"披风"之所以流行，在于西亚、中亚与明代的文化交流中带来的服饰影响，由此彰显了领部金扣的珍贵。

在明代中西交流非常频繁的背景下，中亚、西亚的服饰对明代的女子服饰产生了较大的影响，"披风"是一个例证。另外，明末清初女子头上的毛皮装饰"卧兔儿"、立领对襟的衫子和袄子，也都受到游牧民族服饰的影响。如果仔细研究，发现明代女子服饰并非像人们想象得那样，都是汉族服饰的遗风，而是处处遗留了中西交流的痕迹。"披风"的敞领大开配里面立领衫子，再加上收腰大摆的形制，基本上定格了明清女子端庄而贤淑的形象，成为今天人们对中国古代女子的整体印象，甚至从中看到了旗袍的"气质"。从某种角度说，今天我们看到的中国女子穿着旗袍时含蓄而典雅的韵味，实际上在明代的女子服饰中已初见端倪。

---

[1] 北京市文物工作队：《北京南苑苇子坑明代墓葬清理简报》，《文物》1964 年第 11 期。

第三节 雌雄二体的结合：纽与扣[*]

　　明代女服的领口及前胸常常闪耀着一种特殊的金属或者玉质钮扣，由于其名称无从查考，暂且将之称为"对扣"[1]。"对扣"并非一般意义上的钮扣，而是由别致的动植物造型单体通过子母套结式结构扣合而成，仿佛雌雄二体的结合方式，既能承载服饰门襟的闭合功能，又能作为精致雅丽的首饰，彰显佩戴者的身份地位，是明代女子服饰上的一种特殊时尚装饰。它的质地有玉、金、银、铜等几种类型，奢华者在金、银"对扣"上镶嵌红蓝宝石，讲究者在银、铜表面常常鎏金。由于其行用阶层的差异、使用场合的不同、材料产地（中亚、西亚的宝石）的特殊和手工技艺的精湛等因素，承载了社会学和物质文化史的多重含义。但迄今为止，这种"对扣"尚未引起学者的足够重视。笔者不揣浅陋，尝试追溯其源流，以求教于方家。

---

* 本节原文是笔者受北京市教委人才强教项目资助在牛津大学访学时撰写，指导教师为牛津大学艺术史系柯律格教授。写作期间也得到 Verity Wilson 女士，Jan Stuart 女士和 Teresa Fitzherbert 女士的帮助，在此一并致谢！

[1] 明代所称的"钮扣"，包括单粒球形和子母套结式结构两种类型，本节只讨论后者。由于此类钮扣没有专门的称谓，此处称"对扣"，乃一家之言。此外，还有一点说明，本节论述纽扣时，织物类纽扣用"纽"字，其他材质的用"钮"字，统称时用"纽"字。

图 7-29 子母套结式"对扣"的雌雄二体

一、明代"对扣"的概况

明代的钮扣分单粒球形钮扣和子母套结式"对扣"两种类型，限于篇幅，这里只讨论后者。由墓葬出土资料看，单粒球形钮扣在男女服饰上都能见到，子母套结式"对扣"仅限于女服使用。诚如明朱之瑜在《朱氏舜水谈绮》中说：此种钮扣"虽华美然非大人丈夫之服也"[1]。"对扣"的基本形制如图 7-29 所示，由雌雄二体组成，左为雄，右为雌，扣合时将雄的钮头插入雌的襻圈之中，结合紧密，完美无缺，构思相当巧妙。

---

[1]（明）朱之瑜：《朱氏舜水谈绮》，华东师范大学出版社，1988 年，355 页。

表 4　明代墓葬出土钮扣汇总表

地区	墓名	钮扣墓主	身份	生卒年代	钮扣类型	尺寸（厘米）	数量	资料来源
山东	鲁王朱檀墓	朱檀	鲁王，朱元璋第十子	1370—1390	金扣		11 颗	《文物》1972 年第 5 期
江苏	南京邓府山明代福清公主家族墓	福清公主	朱元璋第八女	1370—1417	蜂蝶花金扣		1 副	《南方文物》2000 年第 2 期
	明中山王徐达家族墓	徐膺绪夫妇，钮扣可能出自徐妻棺	徐膺绪为徐达第 3 子，任中军都督佥事	徐膺绪，洪武五年一永乐十四年（1372—1416），其妻生卒不详	蜂蝶花金扣	宽 1.6	1 副	《文物》1993 年第 2 期
	明中山王徐达家族墓	何妙莲	徐钦妻	不详，徐钦为徐达长孙	蜂蝶花金扣		1 副	《文物》1993 年第 2 期
	明徐达五世孙徐俌夫妇墓	朱氏	徐俌元配	不详，徐俌为景泰元年一正德十二年（1450—1517）	蜂蝶花金扣	每对重 5.8 克	2 副	《文物》1982 年第 2 期
					童子捧花银扣		1 副	
		王氏	徐俌继室	不详，徐俌为景泰元年一正德十二年（1450—1517）	如意云纹金扣	重 3.9 克	1 副	
					童子捧花金对扣	重 4.9 克	1 副	
	江苏泰州明代刘湘夫妇合葬墓	丘氏	刘湘妻，刘湘为处士	弘治丙辰一嘉靖戊午（1496—1558）	球形铜扣	直径 0.8	1 颗	《文物》1992 年第 8 期

地区	墓名	钮扣墓主	身份	生卒年代	钮扣类型	尺寸（厘米）	数量	资料来源
江苏	江苏泰州市明代徐蕃夫妇墓	张盘龙	徐蕃妻，徐蕃为工部右侍郎，正三品	卒于嘉靖十一年（1532）	铜扣	直径1	1颗	《文物》1986年第9期
	江苏江阴叶家宕明墓	推测为周溥	不详	明代早期	蜂蝶花银扣		1副	《文物》2009年第8期
	南京江宁殷巷明墓		不详		童子捧花金扣	长2.4	1副	《金与玉——14—17世纪中国贵族首饰》
					鱼戏莲金扣	长2.7	1副	
	南京江东门双闸门明墓		不详		草叶花卉	长3.5	1副	《金与玉——14—17世纪中国贵族首饰》
	武进市王洛家族墓			正德七年—万历	元宝形对扣		1副	《东南文化》1999年第2期
	江阴市青阳邹氏墓			正德十六年	元宝形金对扣		1副	《文物》1993年第2期
	南京郊区明墓				云纹嵌红蓝宝石金对扣		1副	《金与玉——14—17世纪中国贵族首饰》
辽宁	鞍山倪家台明崔源族墓	李安	崔胜妻	卒于弘治七年（1494）	鱼戏莲金扣	长2.7	1副	《文物》1978年第11期
					银纽		6颗	
		崔鉴夫妇		卒于正德辛未	银纽		1颗	

地区	墓名	钮扣墓主	身份	生卒年代	钮扣类型	尺寸（厘米）	数量	资料来源
四川	四川平武明王玺家族墓	朱氏	王鉴妻，王鉴为龙州宣抚司佥事	弘治十三年入葬（1500）	蜂蝶花金扣	扣径1.8	6副	《文物》1989年第7期
					如意云纹金扣	通长3	7副	
					珠形金扣		2颗	
		M13墓	不详	不详	如意云纹金扣	通长3	1副	
		曹氏	王玺妻	永乐二年正统十一年（1404—1446）	镟形金扣		2颗	
		蔡氏	王玺妻	永乐三年正统六年（1405—1441）	镟形金扣		8颗	
		M12墓	不明		鱼形银扣	鱼长3.4，扣径2.5	1副	
					如意云纹银扣		3副	
	明兵部尚书赵炳然夫妇合葬墓	王氏	赵炳然妻	不详。赵炳然为正德二年—隆庆三年（1500—1569）	蝶形金扣		1副	《文物》1982年第2期
					鎏金蜂蝶花扣		1副	
					如意云纹银扣		1副	
					梅花形银扣		1副	
		杨氏	赵炳然妾	不详。赵炳然为正德二年—隆庆三年（1500—1569）	蜂蝶花银扣		1.5副	
					如意云纹银扣		1.5副	
					如意云纹对扣		1副	
					球形小扣		5颗	

地区	墓名	钮扣墓主	身份	生卒年代	钮扣类型	尺寸（厘米）	数量	资料来源
江西	江西南城明益王朱祐槟墓	彭氏	益端王（朱祐槟）妃	卒于嘉靖十六年（1537）	镶宝石蜂蝶花金扣	通长7.9，宽3.4	2副	《文物》1973年第3期
					蜂蝶花镶宝石金扣	通长5，宽2.2	7.5副	
					蜂蝶花金扣	长2.3，宽1	6.5副	
					球形金扣，有钮	径0.7	1颗	
					玉绶花	宽7，厚0.3	1颗	
	江西南城明益宣王朱翊鈏夫妇合葬墓	李英姑	益宣王元妃	嘉靖十七年—嘉靖三十五年（1538—1556）	鸳鸯戏莲花玉扣	长4.1，宽1.9	5副	《文物》1982年第8期
					蜂蝶花玉扣	长3，宽1.3	4副	
		孙氏	益宣王继妃	嘉靖二十二年—万历十年（1543—1582）	蜂蝶花镶宝石鎏金银扣		14副	
					蜂蝶花鎏金扣		14副	
					鎏金银扣	共重7克	3.5副	
	江西南城明益庄王墓	王氏	益庄王妃	卒于嘉靖二十四年	蜂蝶花镶宝石鎏金银扣	共重8.3克，长8.2，宽4	2副	《江西明代藩王墓》
					如意纹银扣	长2.7，宽1	69副	

地区	墓名	钮扣墓主	身份	生卒年代	钮扣类型	尺寸（厘米）	数量	资料来源
江西		万氏	益庄王继妃	卒于万历十八年	蜂蝶花镶宝石鎏金银扣	长5.2，宽2.2	5副	《江西明代藩王墓》
					蜂蝶花镶宝石鎏金银扣	长4.3，宽1.6	4副	
					蜂蝶花镶宝石鎏金银扣	长3.2，宽1.4	7副	
					四瓣菱花形金扣		4副	
					如意云纹金扣		5副	
					球形金扣		2颗	
					四瓣花镶宝石鎏金银扣	直径2.7	4副	
					三瓣花鎏金银扣襻		2件	
					如意纹鎏金银扣	长2.7，宽1	2.5副	
					鎏金小铜扣	直径1	2颗	
北京	北京西郊董四墓村明墓（第一号墓）	张裕妃，段纯妃，李成妃	熹宗妃	张裕妃（万历丙午一天启三年）；段纯妃（卒于崇祯二年）；李成妃（卒于崇祯十年）	蜂蝶花鎏金钮扣，云纹扣，元宝形扣；铜扣，无花纹；蜂蝶花玉扣			《文物参考资料》1952年第2期

地区	墓名	钮扣墓主	身份	生卒年代	钮扣类型	尺寸（厘米）	数量	资料来源
北京	北京西郊董四墓村明墓（第二号墓）	万历嫔			金、玉、银、铜的扣子			《文物参考资料》1952 年第 2 期
	定陵	孝端后孝靖后	孝端后（卒于万历四十八年），孝靖后（卒于万历三十九年）		如意云纹金扣		21 副	《定陵》
					蜂蝶花金扣		20 副	
					福寿文字金扣		6 副	
					童子捧花金扣		6 副	
					鱼纹金扣		2 副	
					元宝形金扣		10 副	
					卍字形金扣		2 副	
	北京右安门外彭庄万贵夫妇墓	万贵妻		成化十一年（1745）	蝴蝶花卉嵌宝年石			《明清金银首饰》
上海	朱察卿家族墓	朱察卿家族	赠奉政大夫，钮扣墓主不详	约嘉靖年间	白玉花瓣钮扣	长 3.8	1 颗	《上海明墓》
					金嵌白玉钮扣	长 1.7，直径 0.8	2 颗	
					白玉圆锤形钮扣	长 1.7，直径 1.1	2 颗	
	光禄寺掌醢署监事潘允徵家族墓	王氏	潘惠妻	约万历年间	草叶花纹金扣	长 1.8	1 副	《上海明墓》
					圆珠形金扣	直径 0.4—0.6	3 颗	

地区	墓名	钮扣墓主	身份	生卒年代	钮扣类型	尺寸（厘米）	数量	资料来源
上海	乔木家族墓	具体不详	乔家妻妾墓，具体不详	约万历间	元宝形金扣	长2.1，宽1.05	1副	《上海明墓》
	永郡孙氏孺人墓	孙氏	不详	不详	鸟形金扣	长3.3	1副	《上海明墓》
	李惠利中学墓	M3墓	不详，女性		元宝形金扣	长2.6，高1.1	1副	《上海明墓》
	上海打浦桥顾东川墓	顾东川夫人		顾东川为嘉靖年间的御医	元宝形金扣	长3，高1.3	1副	《上海明墓》
					水晶球钮扣	直径1	2颗	
湖北	湖北蕲州雨湖村王宣明墓			不详		长3.7，高1.7，厚0.5，重5.8克；长5，高2.2，重25.4克	2颗	湖北省博物馆网站
	梁庄王墓	魏氏	梁庄王妃	卒于景泰二年（1451）	如意云纹金扣，圆形套环	长3.2，套环径1.6，厚0.4	1副	梁庄王墓
					如意纹金扣，八角星形套环	长3.2，套环外宽2，厚0.4	1副	
					水晶球钮扣	直径1	2颗	

注：由于钮扣上的蜜蜂与蝴蝶的形象很难区分，统计时都用蜂蝶花代替。

　　检讨明代五十余座墓葬，出土的钮扣数量不算少，其中单粒玉钮扣 6 颗，单粒水晶钮扣 2 颗，单粒金钮扣 29 颗，单粒银钮扣 7 颗，单粒铜钮扣 5 颗。子母套结式玉"对扣"18 副，子母套结式金"对扣"127 副，子母套结式银"对扣"139 副，材料不明的钮扣 4 副。墓葬出土仅子母套结式钮扣 288 副。[1] 从表 4 中可见，明代最早的女子服饰上的金"对扣"出土于南京邓府山福清公主家族墓，是一副蜂赶菊的金"对扣"，可见金属"对扣"从洪武年间已开始在服饰上使用，一直流行到清初，跨越了整个明代。其功能从固定"霞帔"、"大袖衫"（1 副"对扣"）转向立领衫袄的门襟闭合（1—7 副"对扣"），其装饰性从"对扣"使用初期即突显出来。[2]

　　明代女服"对扣"的材质主要有玉、金、银、铜等。镶嵌红蓝宝石的金、银"对扣"数量超过 45 副（墓葬出土），其精致奢华的程度令人称奇。大部分镶嵌宝石的金扣出自皇后、妃子的墓中，非一般平民所能佩戴。主要的红蓝宝石产于中亚、西亚，通过朝贡贸易到达中国。西域诸地与明朝之间的朝贡贸易中，玉石贸易是分量仅次于马驼贸易的第二大项。于 1603—1604 年亲身游历喀什、和田等地的葡萄牙籍耶稣会士鄂本笃说："最贵重的商品而且最适用于作为旅行投资的，是一种透明的玉块，由于缺乏较好的名称，就称为碧玉。这些碧玉块或玉石，是献给契丹皇帝用的；其所以贵重是因为他认为要维护自己皇帝的威严就必须付出高价。他没有挑中的玉块可以私下售卖。据认为出卖玉石所得的利润，足以补偿危险旅途中的全部麻烦和花费。"据此可知，中亚、西亚的宝石已广泛流入明代宫廷和民

---

[1]　此统计数据只是让读者对明代墓葬出土的钮扣有一个大致的印象，并非完全精确。

[2]　关于钮扣的使用，也可参考拙文《明代女子服饰"披风"考释》，《艺术设计研究》2013 年第 2 期，25—34 页。

间，而且数量应该不少，《明实录》载："景泰三年（1452年）七月，哈密贡玉石三万三千五百余斤，每石一斤赐绢一匹。"[1] 这些朝贡玉石的重要用途之一即为首饰，首饰一旦镶嵌玉石，倍增奢华珍贵之价值。目前，关于明代"对扣"的信息我们知之不多，仅有宫廷"对扣"尺寸及工时的零星材料散见于典籍中：素金钮扣，头号、二号、三号每30个用窝钮工1个工，四号、五号、六号每50个用窝钮工1个工；錾花金钮扣，头号、二号、三号每20个用錾花匠1个工，四号、五号、六号40个用錾花匠1个工。其钮扣尺寸如下：头号大钮直径8分，头号钮直径7分，二号钮直径6分，三号钮直径5分，四号钮直径4分，五号钮直径3分，六号钮直径2分，七号钮直径1.5分[2]。以上为金属"对扣"的基本尺寸，与墓葬出土的"对扣"尺寸基本吻合。富贵之家女子服饰上的"对扣"模仿宫廷样式，但材料不及宫廷的贵重，造型也相对简单，由个体金银匠制作而成，水平也是上乘，因为明代制作金银首饰的工艺是历朝历代中的翘楚。由于"对扣"使用的材料珍贵，工艺精湛，造型别致，成本自然很高，墓葬出土的主要为皇后、妃子、内外命妇所戴。《金瓶梅词话》第十回描写潘金莲在生日那天："上穿丁香色潞绸燕衔芦花样对襟袄儿，白绫竖领，妆花眉子，镏金蜂赶菊钮扣儿……"[3] 可见富商的妻妾也能佩戴。总之，"对扣"的行用阶层非富即贵，普通女子对"对扣"不敢奢望！

明代"对扣"的造型十分多样，限于篇幅，不能展开讨论，只做大致的归纳。表面看来，"对扣"由中心部分与两翼组成，中心部分又由钮头（接一翼）和襻圈（接

---

[1] 有关明代玉石的情况可参看张文德：《明与西域的玉石贸易》，《西域研究》2007年第3期。

[2] 北京图书馆出版社编：《钦定工部则例正续编》，北京图书馆出版社，1997年。书中内容为清代工部的则例，由于目前尚未发现明代工部的则例存留，而清代工部则例主要是对明代的继承，故暂且借助清代工部则例进行分析。

[3] （明）兰陵笑笑生：《金瓶梅词话》第一卷，梦梅馆印行，1992年，159页。

另外一翼）组成，钮头插入襻圈之中，扣合牢固。中心部分的襻圈多为菊花、菱花或葵花造型，襻圈中间偶见福寿等文字。有时襻圈变为方形，但不是主流。两翼的图案为蜜蜂、蝴蝶、童子、鱼、鸡、元宝、如意云头、万字纹等。将中心部分与两翼进行搭配，再加上红蓝宝石的镶嵌，则形成丰富多彩的钮扣形式，如图7-30所示几种典型的"对扣"样式：蜂赶菊、蝶恋花、童子捧花、鱼戏莲、云捧日、双元宝等类型。目前，关于"对扣"造型的研究，并没有深入展开，有学者认为"对扣"雌雄二体的扣合有点性的意味，倘若如此，蜂赶菊、蝶恋花的"对扣"似乎与这种观点吻合。而童子捧花、鱼戏莲大概是对传统图案的继承和发展。云捧日"对扣"中如意云头的造型是辽代陶瓷中的典型图案，也在耳环上运用[1]，钮扣作为一种首饰，对此纹样的采纳应在情理之中。关于一种纹样在不同器物门类中的流传是值得研究的问题，可惜此类成果尚不丰硕。元宝图形的应用大概与明代商品经济的发展、人们对金钱的追逐关系密切。万字纹的应用乃是受佛教的影响所致，应是不争的事实。总体看来，"对扣"采用的图案与当时人们的现实生活与精神信仰关系紧密。

二、明代"对扣"的缘起

"对扣"虽小，承载的物质文化含义却很深厚，追溯它的源头，实际上是要回答一些中外服饰文化交流的问题。首先要回答的问题是明代女服上的"对扣"是如何产生的，是本土独自生成的，还是从中亚、西亚引进的。笔者的观点是，

---

[1] Jan Wirgin. Some Notes on Liao ceramics, *Bulletin of Museum of far Eastern Antiquities*, 32(1960), pp.25–38.

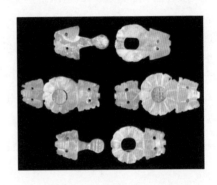

图 7-30 几种典型的"对扣"样式（从左至右：鸟戏莲金"对扣"、鱼戏莲金"对扣"、银鎏金蜂赶菊"对扣"、童子捧花"对扣"、蝶恋花玉"对扣"、蝶恋花镶宝石金"对扣"、双元宝金"对扣"）

明代女服上的"对扣"在结构、形制和图案装饰上主要是对明以前织物纽扣的模仿、继承和发展，逐步形成新的样式。但明以前的织物纽扣最早可能是从中亚、西亚传入的，也就是说，纽扣是中亚、西亚人发明的，在早期的服饰文化交流中传到中国，同时也传到了欧洲。

目前，我们还不清楚中国最早从什么时候开始在服装上使用织物"对扣"，但最晚在唐代已经开始，这从日本正仓院收藏的唐代大歌绿绫袍上的纽扣已能得到证明（图7-31）。此袍与粟特出土的一件儿童夹衣的形制基本相同（参见图7-28），与普通的唐代袍子差别较大，可能是生活在大唐的中亚人的服装。无论怎样，在这件遗存下来的唐代袍子上，已经使用了雌雄二体扣合的织物"对扣"，其基本结构如图7-32所示，一副"对扣"由一个纽头、一个襻圈、两个襻脚组成。纽头、襻圈分别连接一个襻脚，襻脚缝在服装上，纽头、襻圈悬空，当纽头进入襻圈，则扣合紧密。这种子母套结式结构的纽扣由宋辽金元时期沿用，材料主要为

图 7-31 大歌绿绫袍第 1 号纽扣局部（正仓院南仓）

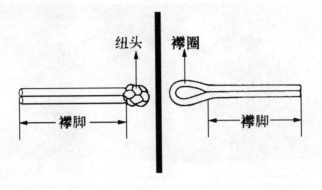

图 7-32 "对扣"结构示意图（王佳琪绘制）

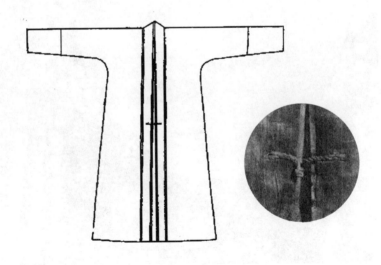

图 7-33 织物 "对扣"（江西德安南宋周氏墓）

图 7-34 元太祖皇后像（《中国时尚文化史·宋元明卷》）

织物；至于金属或者玉"对扣"在明以前尚未发现。目前保存下来的江西德安南宋周氏墓出土的一件对襟窄袖"背子"，材料为罗，是件夹衣，胸前采用了一副子母套结式结构的织物"对扣"，由于衣物保存完好，"对扣"形制清晰可见（图 7-33）。此墓还出土了另外一件单层罗对襟窄袖"背子"，两边高开衩至腋下，门襟缘边，胸前用一带系缚，可见宋代"背子"的门襟闭合方式是"对扣"与系带并用的 [1]。

元代的织物"对扣"的子母套结式结构基本上与宋代相同，但襻脚由原来的一字型变成了花瓣型，这一点在元代皇后像的服饰中可见一斑（图 7-34）。元太祖皇后像，衣服领口处的黑色织物"对扣"已经开始朝花瓣型转变，但变化不是特别明显。倘若要清晰地观察元代花瓣型"对扣"，甘肃漳县元代汪世显家族墓出土的抹胸前面的 9 副织物"对扣"，便是一个很好的例证 [2]（图 7-35），"对扣"的襻脚已经变成明显的花瓣型，犹如今天的盘扣样式。这种盘扣样式可能在明代的

图 7-35 抹胸前面的 9 副织物"对扣"（甘肃漳县元代汪世显家族墓）

---

[1] 江西省文物考古研究所、德安县博物馆：《江西德安南宋周氏墓清理简报》，《文物》1990 年第 9 期。

[2] 甘肃省博物馆、漳县文化馆：《甘肃省漳县元代汪世显家族墓葬》，《文物》1982 年第 2 期。

抹胸上继续沿用。《金瓶梅词话》描写潘金莲在阳春三月初遇西门庆时的打扮："露赛玉酥胸儿无价……身边低挂抹胸儿重重纽扣。"[1]虽然我们无从知晓潘金莲这件抹胸上的纽扣是否属于花瓣型襻脚，但可以肯定的是从元到明内衣样式的变化不会太快，尤其是文中提到潘的抹胸上也是"重重纽扣"，当与元代的纽扣并无大异。从此处"纽扣"的"纽"字可知，此纽扣的材料为织物，既然抹胸为内衣，则不必用奢华的金属或玉扣，况且此时的潘金莲身为卖炊饼的武大郎之妻，生活水平不甚富贵，应无财力享用金属或玉制钮扣。倘若是明代女子外穿的衫子或披袄上的金属或玉"对扣"，则用线缝在衣服上。有时将 1 副或 2 副"对扣"缝在立领上，下面系带闭合；有时将 6 副或 7 副"对扣"缝在整个对襟衫子或披袄上，领部 1 副或 2 副，胸前 5 副。益宣王夫妇合葬墓出土的对襟衫子上的 7 副蜂赶菊鎏金银"对扣"，是明代典型的"对扣"样式之一（图 7-36）。明代与唐代的"对扣"相比，材料已经由织物发展成金属（或玉），襻脚已经由一字型变成异型（童子、动物、花叶、云纹、万字纹等），襻圈已由圆型演变成菊花、葵花等花瓣型和方型。这种金属或玉"对扣"经过明末清初的流行，到乾隆时期以后便很少在图像中出现。倒是民国时期流行的旗袍上的织物盘扣，常常模仿"对扣"的形式，具体纹样不完全相同（图 7-37）。

以上是对唐至明"对扣"演变的简单爬梳，也是一字型织物"对扣"向花瓣型金属（或玉）"对扣"转变的概述。可以明确的是：明代的"对扣"是对唐代的继承和发展，那么，唐代一字型"对扣"来源又如何呢？这涉及纽扣的起源。目前，还没有确凿的证据说明纽扣起源于中亚或西亚的游牧民族，但西方一些学

---

[1]（明）兰陵笑笑生：《金瓶梅词话》第一卷，梦梅馆印行，1992 年，22—23 页。

图 7-36 益宣王妃的对襟衫子上的 7 副蜂赶菊鎏金银 "对扣"（益宣王夫妇合葬墓）

图 7-37 明代"对扣"与织物盘扣对比

者持有这种观点。琼·纳恩（Joan Nunn）认为："欧洲从 14 世纪开始使用纽扣，纽扣在土耳其和蒙古人的服装中最先被使用，十字军将之传到欧洲，进行模仿，代替早期的扣系方式。"[1] 欧洲服饰早期的扣系方式用胸针，胸针的流行还伴随着一个传说："我是胸针，保护乳房，抵制流氓恶棍把手伸进乳房。"[2] 那么，十字军是在什么时候东征？或者说纽扣是什么时候传入欧洲的？十字军的九次东征发生在 1096—1291 年，是在罗马天主教教皇的准许下，由西欧的封建领主和骑士对地中海东岸的国家发动的一系列宗教性战争，这次暴行打着圣战的旗号，实际上怀揣着政治、宗教和经济目的，旨在扩张天主教的势力范围。在这次战争中，十字军从高度发达的伊斯兰文明中劫掠了大量财物，包括丝织品和服装，这样，西亚服饰上的纽扣自然也就传到了欧洲。虽然十字军从 11 世纪就开始东征，但杰夫·伊根（Geoff Egan）认为从 13 世纪开始，才出现了用纽扣替代胸针扣系衣领的方式，到了 14 世纪中叶，外袍前面一排纽扣的样式已经变得非常流行。[3] 单件服装上的纽扣数量很大，或许带有强烈的炫耀感和装饰感（图 7-38）。

---

[1] Joan Nunn. *fashion in Costume:1200–1980* (The Herbert Press,1998) p.13.

[2] Geoff Egan and Frances Pritchard. *Accessories:1150–1450* (The Boydell Press, 2002), p.248.

[3] Ibid., p.272.

另外，阿尔布曼·霍尔格（Arbman Holger）认为，伦敦及其他地区的最新考古发现显示，西亚或中亚服饰上的纽扣早在 9 世纪已经传到了瑞典，但并没有在西北欧使用开来，真正在日常服饰中使用并流行是 13 世纪的事情。[1] 至于 9 世纪的纽扣是如何传入瑞典的，目前并不清楚，有学者推测纽扣是随着贸易传入欧洲的。

从考古发现来看，欧洲的纽扣可分为三种类型：一是浇铸成型的纽扣（cast buttons），材料为铅锡合金或青铜，模制成型，13、14 世纪制作纽扣的石头模子已经发现，可为证据；二是球形纽扣（composite sheeting buttons），由两个半球形的铜合金片组合而成，中空，有钮；三是用织物碎片包裹成一个球形纽扣，保

图 7-38　14 世纪欧洲男子服饰上的纽扣
（*Fashion in Costume: 1200–1980*）

---

[1] Arbman Holger. *Birka, Die Graber, Tafelbard* (Stockholm,1940),p.272.

存下来的 14 世纪的服装残片上可见这种纽扣，同时对应的服装上有孔，也有纽头配一字型襻脚作为装饰的形式。此种类型的织物纽扣在欧洲绘画中的服饰上常见。在这三种纽扣类型中，前两种与中国单粒纽扣的形式相似，第三种类型的纽扣与唐代一字型织物"对扣"相似，同样出现在西亚 15 世纪的服饰中（图 7-39），以西方学者的观点看，也是从西亚、中亚传入的，只是不能明确传入的准确时间，但不排除 9 世纪时随着贸易的开展传入中国和欧洲的可能性。这种假设以 9 世纪西亚、中亚的服饰上也在使用一字型织物纽扣为前提，且具备一定的合理性，因为古代服饰形制的改变是比较缓慢的，15 世纪的西亚有一字型织物纽扣，那么推测 9 世纪也可能会有。

以上西方学者的观点，提供了一种思路：唐代一字型织物纽扣从西亚、中亚传入的可能性非常大。结合中国古代服饰的形制来看，纽扣可能确实不是中国人的发明，因为中国唐代以前的服饰闭合系统主要以系带为主，没有纽扣的形式 [1]。反之，游牧民族发明纽扣的可能性却很大，原因有三：一是纽扣能让对襟服装扣合更贴身，尤其是颈部的系缚，稍微运动或行走等都会使系带越来越松，纽扣则能系缚牢固，保持服装不变形；二是骑马的需要，骑马服饰应该贴身利落，系带会有点拖泥带水的感觉，而纽扣则使服装显得干净利落、使用方便；三是马上民族对金属的热爱，更有可能发明和使用金属材料的纽扣。如阿富汗地利亚·泰贝（Tillya Tepe）墓葬已经出土公元 1 世纪的金"对扣"，用于女子对襟服装的门

---

[1] 感谢张玉安老师告知晋墓出土纽扣的情况，由于考古报告中提供的材料有限，很难判断出土金钮是否用于服饰？因为一金钮出土于头部骨架处，也许为头上装饰。另外一金扣，没有扣环，则无法与服饰结合，其用途不明。因此，这里还不能把二晋墓出土的金钮当作服饰上的纽扣对待。相关内容可参看洛阳市第二文物工作队：《嵩县果酒厂晋墓发掘简报》，《中原文物》2005 年第 6 期；湖南省博物馆：《长沙南郊的两晋南朝隋代墓葬》，《考古》1965 年第 5 期。

图 7-39 西亚服饰上的纽扣（*Love and Devotion : From Persia and Beyond*）

襟闭合，并有大小之别^[1]。资料的缺乏使我们很难判定西亚、中亚早期发明单粒纽扣或"对扣"、织物纽扣或金属钮扣的先后顺序，也不能排除几种纽扣形式同时并存的可能性。但无论如何，游牧民族发明纽扣是生活的需要所致。从功能上看，纽扣比系带更加紧固、方便和珍贵（金属或玉），因此，西亚、中亚民族发明纽扣后传入欧洲和中国，可备一说，尚待更多证据补足。

明代女子服饰上的"对扣"之所以在明代流行，重要原因是在中亚、西亚与明代的频繁交流中，领部缝着金扣的立领服饰在中土频频亮相，这种搭配金扣的立领服饰与明代女子在颈部的白色护领上装饰金扣（图 7-40）的方式不谋而合（最晚在成化王皇后像中已有体现），遂会引起人们的兴趣，从而被模仿，导致明代女子服饰出现一种新的流行时尚——立领配金扣的模式，这种模式最晚在正德年间已经成型，并通过明正德夏儒妻子墓中出土的对襟衫子得到实物证明^[2]，此衫上留有清晰的 6 副"对扣"痕迹，但没有钮扣出土（此墓曾被盗掘，金扣或许已被盗）。这说明最晚在正德年间，金属"对扣"已经在立领的服装上使用（不仅仅限于领部），并持续流行到乾隆年间才告结束。立领的女子服饰之所以在明代首次出现并流行开来，可能是为了给金扣（玉扣）一个良好的展示空间。关于明代女子颈部被包裹（立领）的原因，学界还没有太多探讨，暂不论唐代女子袒胸露乳的服装何等开放，六朝至元代女子颈部暴露在外也实属正常，为什么明代，尤其是立领服饰相当流行的晚明，却将女子的颈部严严实实地包裹起来呢？而此

---

[1] Fredrik Hiebert and Pierre Cambon. *Afghanistan: Crossroads of the Ancient World*(British Museum Press, 2011), pp.244−256.
[2] 北京市文物工作队：《北京南苑苇子坑明代墓葬清理简报》,《文物》1964 年第 11 期。

图 7-40 周用四代像局部（明 佚
名，周晋《明清肖像》）

时正是商品经济蓬勃发展、传统道德受到严峻挑战、民俗世风节节溃败的天崩地裂时期，从身体美学的角度看，应该多多暴露身体的部位才与男女之防不再苛严的情况相吻合。然而，事实却正好相反，有人从明代提倡贞节观去寻找答案，明代旌表的贞妇烈女确实不少，一些文人学者也在不断倡导，可他们的大力倡导却正好说明那时的风气已经溃败不堪。因此，为了贞节道德的原因，女子纷纷将颈部包裹起来，不应该成为立领流行的原因。反之，繁荣的商品经济带来的奢侈风气的盛行则应该引起学人的注意，竞奢已经深入到晚明衣食住行的各个方面。小小的"对扣"由于其材料的珍贵[1]、工艺的精湛、价格的高昂等原因，位居明代奢侈品的行列是当之无愧的。"对扣"的流行与其说是为了服饰门襟的闭合，不

[1] 朱之瑜在《朱氏舜水谈绮》中列举明代钮扣的材料有玉、琥珀、玛瑙、金镶嵌宝石等，但出土实物中未见琥珀、玛瑙"对扣"，因此，这里讨论"对扣"材料时未包括琥珀、玛瑙。

如说是为了彰显佩戴者的财富和身份！

明清之际的女子服饰时尚是以苏州为中心而影响到全国的，当时，女子的日常服饰或许在一年甚至更短的时间内会有一个流行趋势的变化，称为"时样"或"时世装"，一如今天的情况，只是变化的速度不如今天来得快！遗憾的是，关于"苏样"，我们所知甚少，尚不清楚"苏样"的女子服饰到底包括哪些具体的形制。这里仅就明清之际流行的几种女子服饰进行初步的个案研究，从图像和文献来看，还有许多当时流行的女子服饰如"水田衣"、"披袄"、"比甲"、"马面裙"、"禁步"等未能在此展开讨论，只能留待以后的研究。相信随着时间的推移，更多相关的研究成果会逐渐问世，那么，明清之际女子服饰时尚的总体面貌则会越来越清晰。

无论如何，明清之际流行的女子服饰处在中华民族女子服饰丰富而又变化多样的集大成时期，在气质上与"中国文化精神"有诸多契合之处，颇能反映中国女性端庄、典雅、含蓄而又低调奢华的气质，但这似乎还未受到人们足够的重视。今天，当我们重提"中国元素"或"中国概念"的服饰创新设计时，是否可以从明清之际的女子服饰中吸取合理的内核，这是一个开放而又值得讨论的话题！

　　在本书即将付梓之际，心中多少有些忐忑。这本小书不是通常意义上的中国古代女子服饰的通史，而是想将不同朝代具有代表性的女子服饰时尚的断面呈现在读者面前，以此补充通史叙事的不足。倘若经过多年的努力，无数的个案研究得以深入展开，或许可以以个案为主线，重新书写中国古代女子服饰的历史，这应该是多年以后的事情，因为关于日常服饰的诸多问题还不清楚。但无论如何，我们有了第一次的亮相，心怀感激之情。

　　感谢北京服装学院对中国历代服饰时尚研究学术创新团队的大力支持，使我们这些拥有学术理想的人，在一起分享观点，相互讨论，相互激发，度过了最快乐的研究时光，感受到学术魅力的无可匹敌！完成了团队的第一本学术著作，希望学校继续支持我们，使得后续有更多的精彩著作问世。

　　本书的"衣裳之始"、"楚汉风韵"由蒋玉秋撰稿，"灵动飘逸"

由张玉安撰稿,"国色天香"、"简约淡泊"由贾玺增撰稿,"衣冠之变"由王子怡撰稿,"奢侈风气"以及"写在前面"、"后记"由陈芳撰稿,最后统稿由陈芳完成。

在此,需要特别感谢的是师母顾丁因先生,不仅为本书赋予了这么美妙的名字——"粉黛罗绮",还挥毫题写了书名,这让我终生难忘!师母的吟诗作赋、填词作曲、养花养鸟的闲情逸致,似是与生俱来的,让人羡慕!本书与师母结缘,导师王家树先生在九泉之下应该含笑了!回想博士期间王先生对我的学术期望,今天感到非常惭愧,离导师的期望值相差甚远。这本小书虽然不足挂齿,但愿是我们对中国古代服饰研究的良好开端,王先生在天之灵或可以有一丝安慰。

本书汇集的是团队这几年的研究成果,在研究和写作中得到了无数人的帮助,篇幅所限,不能一一列举。但特别值得提出的是,2012—2013 年我在牛津大学做访问学者时,导师柯律格(Craig Clunas)教授、大英博物馆亚洲部主管 Jan Stuart 女士、Verity Wilson 女士、Teresa Fitzherbert 女士不仅在研究方法和资料查询方面给予了许多帮助,还约请笔者在英国学术期刊上发表论文,这是莫大的鼓励。团队成员在研究中还得到孙机先生、扬之水先生、李军教授、郑岩教授、远小近教授、陈宝良教授、俞冰研究员、王㠇研究员、袁仄教授、张文芳老师、程晓英编辑、黄俐君女士、于宝东先生等学者的大力支持,在此一并致谢!柴剑虹先生为本书欣然作序,言辞之中的赞扬是我们继续努力的目标!成为我们学术研究新征程的巨大动力。

研究生李梦薇帮助整理本书的基础资料、柴源为项目结题做整体设计,所有这些都是值得铭记和感谢的!同时,作为团队负责人,我要对团队所有成员的家人说声谢谢!没有你们的默默支持和无私奉献,我们是无法安心研究的。

书中使用的图片多引自已经发表的报刊、报告、专著和图录,对以上成果的研究人员表示深深的敬意和感谢。由于写作仓促,恕不能一一征询意见,敬请谅解。

最后,最值得感谢的是三联书店的编辑杨乐和曹明明,你们的努力,使我们团队的第一本著作能在如此重要的出版社出版，这是我们的荣幸！你们的支持蕴含着一份对学术的执着和欣赏，在当代社会更显弥足珍贵！我们将以此作为中国古代服饰研究的重要起点，开始新的学术历程！

　　由于作者水平所限，本书错误之处在所难免，敬请方家不吝指正！

陈芳

2014 年 1 月 15 日于北京

图书在版编目（CIP）数据

粉黛罗绮：中国古代女子服饰时尚／陈芳等著．—2 版（修订本）．—北京：
生活·读书·新知三联书店，2019.10 （2023.8 重印）
  （细节阅读）
  ISBN 978－7－108－06653－4

  Ⅰ. ①粉…　Ⅱ. ①陈…　Ⅲ. ①女服－服饰文化－研究－中国－古代
Ⅳ. ① TS941.742.2

  中国版本图书馆 CIP 数据核字（2019）第 159095 号

责任编辑　曹明明
装帧设计　康　健
责任印制　董　欢
出版发行　生活·讀書·新知 三联书店
　　　　　（北京市东城区美术馆东街 22 号　100010）
网　　址　www.sdxjpc.com
排版制作　北京红方众文科技咨询有限责任公司
经　　销　新华书店
印　　刷　北京隆昌伟业印刷有限公司
版　　次　2015 年 6 月北京第 1 版
　　　　　2019 年 10 月北京第 2 版
　　　　　2023 年 8 月北京第 3 次印刷
开　　本　720 毫米×880 毫米　1/16　印张 22.5
字　　数　130 千字　图 205 幅
印　　数　14,001－15,500 册
定　　价　78.00 元
（印装查询：01064002715；邮购查询：01084010542）